感恩
造就卓越

吴 浩◎编著

GANEN
ZAOJIU ZHUOYUE

◑ 中华工商联合出版社

图书在版编目（CIP）数据

感恩造就卓越 / 吴浩编著. -- 北京：中华工商联合出版社，2020.12（2024.2重印）
ISBN 978-7-5158-2905-0

Ⅰ.①感… Ⅱ.①吴… Ⅲ.①职业道德－通俗读物
Ⅳ.①B8229-49

中国版本图书馆CIP数据核字(2020)第203823号

感恩造就卓越

作　　者	：	吴　浩
出品人	：	李　梁
责任编辑	：	关山美
装帧设计	：	北京任燕飞图文设计工作室
责任审读	：	于建廷
责任印制	：	迈致红
出版发行	：	中华工商联合出版社有限责任公司
印　　制	：	三河市同力彩印有限公司
版　　次	：	2021年6月第1版
印　　次	：	2024年2月第4次印刷
开　　本	：	710mm×1000mm　1/16
字　　数	：	170千字
印　　张	：	13.5
书　　号	：	ISBN 978-7-5158-2905-0
定　　价	：	69.00元

服务热线：010–58301130-0（前台）
销售热线：010–58301132（发行部）
　　　　　010–58302977（网络部）
　　　　　010–58302837（馆配部）
　　　　　010–58302813（团购部）
地址邮编：北京市西城区西环广场 A 座
　　　　　19—20 层，100044
http://www.chgslcbs.cn
投稿热线：010–58302907（总编室）
投稿邮箱：1621239583@qq.com

目 录 contents

第一章　学会感恩，感恩是一种能力 / 001

每个人都需要学会感恩 / 003

感恩是一种良好的心态 / 005

感恩会给你带来更多 / 008

感恩所拥有的一切 / 011

学会宽容，学会感恩 / 013

用感恩的心去看世界 / 017

第二章　停止抱怨，感恩工作 / 021

感恩改变一切 / 023

感恩是根治抱怨的良药 / 026

少一些抱怨，多一些激情 / 029

让浮躁的心在感恩中沉淀 / 032

在平凡中发现精彩 / 035

抱怨会让感恩走远 / 038

用感恩的心驱逐抱怨的"恶魔" / 040

第三章 承担责任，履行职责是最好的感恩 / 043

带着感恩的心去工作 / 045

时刻审视自己的工作态度 / 049

感恩是最好的自律 / 052

承担责任是发自内心的感恩 / 055

感恩让你更有担当 / 058

漠视责任是对感恩最大的亵渎 / 060

认真工作，用感恩的心建造职业大厦 / 063

第四章 将心注入，用行动感恩自己的企业 / 067

你是在为自己工作 / 069

时刻对工作心怀感恩 / 072

坚持多做一点，离完美更近一步 / 074

自动自发，对工作尽职尽责 / 078

付出忠诚收获信赖 / 081

多为公司想一想 / 085

把工作当成自己的事业 / 088

第五章 积极面对，带着感恩的心去工作 / 091

带着正能量去完成工作 / 093

在竞争与合作中共同进步 / 095

积极应对工作中的难题 / 098

努力进取，自动自发 / 101

态度就是你的竞争力 / 104

养成笃行务实的好习惯 / 108

做一个解决问题的高手 / 112

第六章 与人为善，感恩你身边的每个人 / 117

感恩于领导的知遇之恩 / 119

感恩于同事的支持和帮助 / 122

感恩于家人的奉献和关爱 / 125

感恩于朋友的关怀和支持 / 127

感恩于客户的抱怨和选择 / 130

感谢生命中的每一个人 / 132

第七章 知足惜福，感恩会让工作更快乐 / 137

学会感恩才能懂得爱 / 139

找到工作的乐趣 / 141

空想百变不如立即采取行动 / 145

感恩让你心中的花盛开 / 148

热爱你的工作，努力做到最好 / 151

正确对待工作中的不如意 / 153

懂得奉献，甘于奉献 / 157

第八章　做最好的自己，用感恩成就美好人生 / 161

感恩是美德也是一种智慧 / 163

感恩是一个人健康成长的催化剂 / 165

用感恩的心唤醒你最大的潜能 / 168

做一名让人放心的员工 / 171

懂得爱和感恩的人才会拥有真正的成功 / 174

学会感恩才能拥有美好未来 / 178

心怀感恩，坚持终将美好 / 180

第九章　感恩的员工最有奋斗精神 / 183

有奋斗精神不会仅满足于 99.9% 的成功 / 185

永远把自己当成"新人"看待 / 189

培养自我管理的能力是对自己负责 / 193

奋斗精神会让团队更和谐 / 195

你可以将工作做得更好 / 198

持之以恒，激发自己的奋斗精神 / 201

永不满足，积极挑战 / 206

第一章

学会感恩，感恩是一种能力

❋ 每个人都需要学会感恩

"感恩"是因为我们生活在这个世界上，这里的一切都对我们有恩情。

在我国，感恩思想源远流长。"谁言寸草心，报得三春晖""谁知盘中餐，粒粒皆辛苦"，这些诗句让我们知道：在很久以前，感恩就深入人心。同时，作为礼仪之邦的中华民族对"感恩"在许多方面也有所描述，"滴水之恩当涌泉相报""吃水不忘挖井人""得人花果千年香，得人恩惠万年记"等。

感恩是一种发自内心的生活态度。其实对生活感恩，就是善待自我，学会生活。

事实上，我们也非常需要感恩，可令人遗憾的是，在现实生活中有些人过着丰衣足食的日子，却抱怨生活不够富裕；面对关爱我们的父母亲人，却抱怨他们太过唠叨；拥有了平静安稳的婚姻，却抱怨生活太平淡，没有激情；看到别人升迁，便会抱怨命运的不公平。

我们似乎已经忘却，曾几何时，当我们还在贫困中挣扎时，是那样渴盼能过上温饱的日子，哪怕只有一天，我们也会感恩；当我们在失意的痛苦中徘徊时，是那样渴盼真诚的问候和鼓励，哪怕只有一句，我们也会感恩；当我们跌倒了无力爬起时，是那样渴盼能有人过来搀扶，哪怕只有一下，我们同样也会感恩。

抱怨的情绪是感情的毒药，而感恩的心态则是生活的蜜糖；抱怨是从嘴里说出来的，而感恩所携带的明丽，则是从心窗腾空飞出来的。

如果我们学会了感恩，就会懂得宽容，不再抱怨，不再计较；学会感恩，我们便能以一种更积极的态度去回报我们身边的人；学会感恩，我们会抱着一颗感恩之心，去帮助那些需要帮助的人；学会感恩，我们会摒弃那些阴暗自私的欲望，使心灵变得澄清明净。

用感恩的心态去工作。假如我们在工作当中学会感恩，我们自然就不会对工作产生过多的厌烦。而事实上，工作当中的确存在许多值得我们感恩的人与事，我们要感恩企业给你的工作岗位、感恩领导给你的工作机会、感恩同事给你的帮助。这些感恩能让我们建立起与工作之间的感情联系，有了这种感情，我们对工作自然会用心。

感恩的心态是化解抱怨情绪的良药，这样的人生态度能使我们的生活多姿多彩，使我们的人生更加丰富美好。工作中，如果我们每个人都怀有一颗感恩的心，人人都怀感念之情，那么整个社会将会更加和谐，我们的工作也将会更有创造力。

❀ 感恩是一种良好的心态

我们每个人的心怀，就像一口井，一旦装满清澈的感恩之水，抱怨的苦水就很难流进来。因此，一个人的心胸一旦充满感恩的正能量，我们在身陷困扰或挫折时，就不会抱怨世界不公平。感恩的阳光会让我们的生活变得明媚，感恩的雨露会滋养出内心葱绿的希望，会让我们在忙碌的充盈之中，踏实勤干，将无能为力的抱怨情绪驱逐在外，自己才会成为一个踏实努力的人。

在人生的道路上，时常会遇到让人感动和铭记的事。但是在当今社会，我们常常对周围的一切不以为然，有些人把金钱和利益看得太重，而忽视了人与人之间的感情，觉得父母的细心照顾，朋友的关心帮助都是理所当然的。忙忙碌碌的生活，让我们忘记了感恩，也无暇去感恩。

在日常生活、工作和学习中所得到的点点滴滴的关心与帮助，都值得我们用心去铭记那无私的人性之美和不图回报的惠助之恩。感恩不仅仅是为了报恩，因为有些恩情是我们无法回报的，有些恩情更不是等量回报就能还清的，唯有用纯真的心灵去感激、去铭记，才能真正对得起给予你恩惠的人。

一位盲人曾经请人在自己乞讨用的牌子上这样写道："春天来了，而我却看不到她。"我们与这位盲人相比，与那些失去生命和自由的人相比，目前能健康地生活在世界上，谁说不是一种命运的恩赐？想想这些，我们还会抱怨命运对自己的不公平吗？

在一个闹饥荒的城市，一个家庭殷实而且心地善良的面包师把城里最穷的几十个孩子聚集到一块儿，然后拿出一个盛有面包的篮子，对他们说："这个篮子里的面包你们一人拿一个。在上天带来好光景以前，你们每天都可以来拿一个面包。"

瞬间，这些饥饿的孩子一窝蜂似的涌了上来，他们围着篮子推来挤去大声叫嚷着，谁都想拿到最大的面包。当他们每人都拿到了面包后，竟然没有一个人向这位好心的面包师说声谢谢就走了。

但是有一个叫依娃的小女孩却例外，她既没有同大家一起吵闹，也没有与其他人争抢。她只是谦让地站在一步以外，等别的孩子都拿到以后，才把剩在篮子里最小的一个面包拿起来。她并没有急于离去，而是向面包师表示了感谢之后，才向家走去。

第二天，面包师又把盛满面包的篮子放到了孩子们的面前，其他孩子依旧如昨日一样疯抢着，羞怯的依娃只得到一个比头一天还小一半的面包。当她回家以后，妈妈切开面包，许多崭新、发亮的银币掉了出来。

妈妈惊奇地叫道："立即把钱送回去，一定是面包师揉面的时候不小心揉进去的。赶快去，依娃，赶快去！"当依娃拿着钱回到面包师那里，并把妈妈的话告诉面包师的时候，面包师慈爱地说："不，孩子，这没有错。是我把银币放进小面包里的，我要奖励你。愿你永远保持现在这样一颗感恩的心。回家去吧，告诉你妈妈这些钱是你的了。"她激动地跑回了家，告诉了妈妈这个令人兴奋的消息。这是她的感恩之心得到的回报。

感恩的心态，会让我们变成一个有修养的人。懂得真诚待人，获得正能量与能力，自然会得到提携和重用，从而为自己赢来更多的成功机会。一个心怀感恩的人，懂得在磨炼之中，让生命充满温馨，让灵魂变得更加纯净，让自己由平庸升华为卓越，使自己在努力地工作中，创造非凡价值，这样才会用心发现头顶的天空很美很蓝，心中的路很宽很广，未来的生活很美好，很明媚。

有一位单身女子刚搬了家，她发现隔壁住着一户穷人，一个寡妇与两个小孩子。有天晚上，那一带忽然停了电，那个女子只好点起蜡烛。没一会儿，她听到有人敲门。

原来是隔壁邻居的小孩子，他紧张地问："阿姨，请问你家里有蜡烛吗？"女子心想："他们家竟穷到连蜡烛都没有吗？千万别借他们，免得被他们缠上了！"

于是，她对孩子吼了一声说："没有！"正当她准备关上门时，那穷小孩微笑着轻声说："我就知道你家一定没有！"然后，他从怀里拿出两根蜡烛，说："妈妈怕你一个人住又没有蜡烛，所以让我带两根来送你。"

此刻，女子感动得热泪盈眶，羞愧地将那小孩子紧紧地拥在怀里。

常怀感恩之心，便会更加感激和回想那些有恩于自己却不言回报的每一个人。正是因为他们的存在，才有了我们今天的幸福和喜悦。常怀感恩之心，可以让我们稀释心中狭隘的积怨，感恩之心还可以帮助我们度过最大的灾难和痛苦。

感恩，就像阳光一样，带给我们温暖和美丽。

无论你从事何种职业，只要你胸中常怀着一颗感恩的心，随之而来的，就必然会不断地涌动着温暖、自信、坚定、善良等这些美好的处世品格。自然地，你的生活中便有了一处处动人的风景。

✤ 感恩会给你带来更多

生活和工作中，人们往往因陌生人的帮助而感动不已，但对身边许多与自己关系密切的人的恩德却视而不见，他们把这些视为自己应得的。即使有感恩的心，也常常只是记得感谢给我们关心、帮助、掌声的人，在他们需要帮助的时候也会助其一臂之力，却很少有人去感激伤害、欺骗、打击过我们的人，我们常常对他们报以怨恨。其实，对那些伤害过我们、带给我们疼痛的人，我们也应该感恩，正是他们让我们对这个世界有了一个更深刻的认识，我们不仅要学会用一颗感恩的心去体会真情，更要学会用一颗感恩的心去驱逐伤害。

杰西卡毕业于哈佛大学商学院，曾就职于美国西南航空公司。与她相处过的同事都对她的微笑、善良和勤劳留有深刻的印象，几乎每一个和她相处过的人都成了她的朋友。

有人不解，问杰西卡有什么与人相处的秘诀。杰西卡微笑着说："一切应该归功于我的父亲。在我很小的时候他就教导我，对周围任何人的给予，都应该抱有感恩的心态，而且要永远铭记，要使自己尽快忘记那些不快。我幸运地获得了这份工作，有很多友善的同事，虽然上司对我的要求很严格，但在生活方面对我很照顾。所有的这一切，我都铭记在心，对他们心存感激。我一直带着这种感激的态度去工作，很快我就发现，一切都美好起来，一些微不足道的不快也很快过去。我总是工作得很开心，大家也都很乐意帮助我。"

企业也是一样，所有的同事都更愿意帮助那些知恩图报的人，老板也更愿意提拔那些一直对公司抱有感恩心态的员工，因为这些员工更容易相处，对工作更富有热情，对公司更忠诚！

感恩是一种积极的心态，更是一种向上的力量。当你以一种知恩图报的心情去工作时，你会工作得更愉快，更有效率！

汉斯是美国某广告公司的一名设计师，他被公司总部安排前往德国工作。与美国轻松、自由的工作氛围相比，德国的工作环境显得紧张、严肃并有紧迫感，这让汉斯很不适应。

汉斯向上司抱怨："这边简直糟透了，我就像一条放在死海里的鱼，连呼吸都很困难！"上司是一位在德国工作多年的美国人，他完全能理解汉斯的感受。

"我教你一个简单的方法,每天至少说50遍'我很感激'或者'谢谢你'。记住，要面带微笑，要发自内心。"

汉斯抱着试试看的态度，一开始觉得很别扭，要知道"刻意地发自内心"可不是件容易的事情。可是几天下来，汉斯觉得周围的同事似乎友善了许多，而且自己在说"谢谢你"的时候也越来越自然，因为感激已经像种子一样在他心里悄悄生根发芽。

渐渐地，汉斯发现周围的环境并不像自己想象中的那样糟糕。

到后来，汉斯发现在德国工作是一件既能磨炼人又让人感到愉快的事情。是感恩的态度改变了这一切！

"谢谢你！""我很感激！"当你微笑而真诚地说出这些话之后，感恩的种子就已经在你自己和别人的心里种下了，这是比任何物质奖励都宝贵的礼物！

懂得感恩是一个员工优良品质的重要体现，学会感恩是一个员工做好工作的精神动力。越是艰苦的工作环境，越是物欲膨胀的时代，越要建设好自己的精神家园，用一颗感恩的心来工作、生活和学习，以乐观、平和、宽厚的心怀来对待周围的一切。要感恩企业为我们提供了工作就业、提升能力、成长成才的机会；要感恩领导给了我们实现人生价值的机会；要感恩同事帮助我们取得了更大的进步。学会感恩，不仅仅意味着要拥有宽广的胸襟和高尚的品德，实际上，它更应是一种愉悦自我的智慧。感恩是积极向上的思考和谦卑的态度，当一个人懂得感恩时，便会将感恩化作一种充满爱的行动，在生活中实践。感恩不是简单的报恩，它更是一种对工作的责任，一种追求阳光人生的精神境界！一个人会因感恩而感到工作顺利，会因感恩而感到心情愉悦，感恩的心，是一粒和谐的种子。我们只要怀有一颗感恩的心，就能发现生活的美好、世界的美丽，就能永远快乐地生活在温暖而充满真情的阳光里！

作为企业的一分子，无论你是才华出众的"领导人物"，还是默默无闻的小职员，如果你始终怀着对工作、对企业、对同事感恩的心，就很容易成为一个受欢迎的人，会更有亲和力和影响力。

🌸 感恩所拥有的一切

我们要珍惜已经拥有的东西，对自己得到的要心怀感激，知足惜福。

对你已经拥有的事物表达感激，你会发现，它会一直增加。我们应该相信：每件事情的发生一定有它的目的和原因，并且有助于我们成长、进步；一切都是为达到最好所做的安排。珍惜才会拥有，感恩才能长久。大多数人无视自己所拥有的，而去追求那些并不是自己真正想要的东西，直到失去本来拥有的时候，才懊悔不已。

学会感激生命中的一切，包括人、事、物等，这样，在顺境时我们会更上一层楼，锦上添花；在逆境时我们会得到更多的援助，更快地从"坏事"当中发现积极因素，在危难中发现机会，从而反败为胜。

我们能看到的堪称成功的人，通常他们都有一个共同的特质，就是他们一直在感恩，对那些帮助过他们的人感恩，对他们所有能想到的人感恩，对一切感恩。

从牙牙学语、蹒跚学步开始，我们就不断地接受来自身边亲人、朋友、领导、同事乃至陌生人的无偿关爱、热心帮助、鼎力支持。这些关爱、这些帮助、这些支持，很多时候可能仅仅表现在一些细小的事情上，有如春风化雨，让人浑然不觉。

但这一切并非理所当然，或者说，在我们不断地接受所有这些来自生活的、看似理所当然的赠予和关爱的时候，我们不能无动于衷。

"一粥一饭，当思来之不易；半丝半缕，恒念物力维艰。"鸦有反哺之义，羊有跪乳之恩。蜜蜂采花而去，嗡嗡地一番表白，这是感恩；葵花向着太阳，注视着天空，这也是感恩。可以说，感恩的方式有很多种。

生活总是现实的。别以为自己是不幸的，我们身边总有更不幸的人。如果在你拥有时认为那是理所应当，那么在你失去之后也应该平静接受，忘记过去，直面未来。

心怀感恩，生活里才会少一些怨恨和烦恼；心怀感恩，心灵上才会多一份宁静与安详；心怀感恩，工作中才会多一些宽容和理解。

心怀感恩，我们才会更加热爱自己和他人；心怀感恩，我们才会更加珍爱亲人和朋友；心怀感恩，我们才会更加珍惜现在和将来。

所以，无论你做什么工作，一定要培养心存感激的习惯，这是提升自我的力量源泉。你应该持之以恒地怀有这种感激的心态，无论你获得了多大的成就，你都要心存感激。

感恩，让我们以知足的心去体察和珍惜身边的人、事、物；感恩，让我们渐渐地在平淡的日子里，发现生活的丰富和多彩；感恩，让我们领悟和品味命运的馈赠予生命的挫折；感恩，让我们明白自己拥有的一切原来如此美好。

✿学会宽容，学会感恩

宽容，是中华民族的传统美德，简单的两个字，却彰显着一个国家、一个民族、一个人的宽广胸怀和精神品质。在新的社会环境里，宽容也在被不断赋予新的意义。宽容是社会人际关系的纽带，是人们相互交流、共同成长、愉快工作的基础，更是构建和谐社会的有利条件。

生活在这个世界上，要想得到别人的尊重，得到别人的支撑，首先要自己先学会尊重别人，懂得感恩。一个人如果有了感恩别人的心，那么他一定会很快乐幸福，因为感恩可以使人感到释放、宁静、关爱、体贴，而很少会怨恨别人。他会深思熟虑，他会感恩一切。

感恩是心与心的沟通，更是一个层次一个层次的延伸，感恩可以让世界充满温情，使我们胸怀坦荡，使我们心情愉快，使我们学会大度，学会坦然，使我们能在更广阔的世界里收获尊重。

在我们的日常生活中，经常会发生各种不愉快的事，可是我们又阻止不了，因为这是事物发展的必然规律。但是怎样正确对待这些突发矛盾，并且有效解决它，化消极因素为积极因素，变成工作动力，却让人望而却步。有时候会激化矛盾，严重影响融洽的环境，甚至影响工作。所以，这就要求我们在工作中自觉学会宽容他人，学会感恩。

我们在工作中应学会感恩，学会谦和。工作中要多一些包容的语言，多一些谅解，在不影响工作的情况下，还要适当做出一些妥协和退让，不能太逞强。只有大家都能相互包容，认真对待他人，才能创造有利于工作开展的轻松环境，使单位的上司和同事之间协作起来，工作上不管是什么难题和挫折都将不攻自破。

日常工作中，我们不能强求他人的一言一行完全符合自己的意见，因为这是不符合实际的，与其用挑剔的眼光去要求别人，还不如用积极的态度去宽容他人。当然，我们在这里提倡宽容的精神，并不是鼓励你胆小如鼠，也并非要我们放弃自己认为对的东西，也不是要委屈自己的良心，而是要根据工作的需要，根据实际情况来做决定，但不放弃宽容的原则。

除此之外，工作中犯错误是不可避免的，对出现的各种错误不能过分地责怪，如果对别人的错处一直指责，只能使事情更加糟糕，而且可能会激起对方的反抗。因此说，宽容是一种良好的素质，是摆脱烦恼的方法，是保持身心健康的秘诀。相遇就是缘分，所以我们都应该珍惜这种缘分。工作中，只有都抱着谦和的心态去与别人相处，才能收获真诚的友情。

宽容和感恩是为人处世的经验，待人的品质，为人的精神，也是人与人之间相处的基本素质。那么，如何才能在工作中学会宽容呢？

第一，要一直保持宽容的气质。人们经常讲，能在一块工作是上辈子积累的缘分，人们应当好好去呵护它。一个人经常宽容别人，就会得到别人的尊重。因此，我们在这里说到的气质，除了个人因素外，主要还在于自己的学养和为人素质。只有正确对待他人，才能正确对待自己，正确看待矛盾，才会把事情做好。

做人要学会宽容，重点是要培育海纳百川、地载万物的宽广胸怀，培养豁达大气的气质。在有误会时，要多为别人着想，多看别人的优点，让人深刻感到你的宽容，在与人相处时以大局为重，不偷懒，不投机，即便责任不在自己，也能勇敢担当，挑起大梁。遇事要从远处出发。假如是单位领导，当属下做错了事情时，不要过多惩罚，要帮助分析出错的原因，并且主动承担自己的一份责任，指出改正措施，使下属在精神上得到温情。而下属对上司对单位则应抱着高度负责的态度，不怨天尤人，不耿耿于怀，不随波逐流。总之，做人要宽容。

第二，要有奉献精神。宽容他人必须以他人为核心，不斤斤计较个人私利，不功利。要宽容他人，就始终要具有舍弃自我、乐于奉献的品质。这不单单体现了自己宽广的胸怀，也反映了对别人的责任感。所以在提倡宽容时，我们必须要培养奉献的品质。

第三，学会宽容要用心。通过认真观察，我们可以把宽容看作是人格魅力的释放，是正确处理人际关系的一种智慧，是人生道路上崇尚的一种精神。

宽容要用心，应当掌握好三个重点：一是要热心体会别人的宽容，要有感恩精神，从宽容中鼓舞士气，求得谅解，融化隔阂，创新思路，不辜负别人的期望；二是要学会站在他人的角度思考，通过这样的思考方式才能真正体会到对方的感受，才能把握宽容的意义；三是要有宽容的原则，宽容是处理人与人之间在工作、生活中发生矛盾的一种最有效的方法，它必须建立在遵循社会道德、行业素质的基础上。宽容的原则是尊重别人的人格、坚守自己的尊严，不得以损害社会核心利益，危及他人安危为代价。不然，宽容就变成了放纵，最终坑害了别人。

无论你遇到多么不合情理的同事，都应该以工作为出发点、以集体利益为核心，尽心尽力处理好与他们的矛盾。其实，不难发现，这其中最好的办法不是去故意和这些人计较，因为工作关系你不得不跟他们每天都有交集，与其如此，不如找一种更好的方法让大家在工作中都愉快一些。例如，在正常工作沟通中保持好自己的心态，多想想别人的优点。

宽容就像冬日里的一把火，温暖我们的心；宽容更像是一个开心的笑脸，使我们相互支持，相互理解；宽容是对方遇到挫折时一个有力的搀扶，帮助他走出困难，获得希望。工作中我们要多多宽容他人，用一颗宽容的心对待身边的人和事，营造良好的社会环境。

宽容是一种修养，广阔的天空宽容了雷电风暴一时的无理取闹，才有风和日丽的美；辽阔的大海容纳了惊涛骇浪一时的疯狂，才有浩渺无垠的大海；苍莽的森林忍耐了弱肉强食一时的规则，才有郁郁葱葱的树木。泰山不拒细壤，方能成其高；江河不择细流，方能成其大。宽厚是壁立千仞的泰山，是容纳百川的湖海。

由于你的宽容，亲人才会关爱你；由于你的宽容，朋友才会支持你；由于你的宽容，同事才会尊重你；由于你的宽容，周围的人才能感觉到你的存在，这就是宽容的力量。你是否有一颗宽容之心，是你需要思考的问题。

不管是工作中还是生活中，宽容都是一种高尚的品质。或许别人无意侵犯了你的私利，使你陷入困难；或者无意的举动打乱了你的思路，使你非常恼火。面对这一切，最好的办法就是宽容对待别人。人非圣贤，孰能无过？一味地追求愤怒于事无补。而试着用宽容的心态面对这一切，感恩一切，就会把事情顺利解决。不会宽容别人的人，是不会得到别人的宽容的，宽容了别人，就是宽容了自己，更培养了自己的优良品质。

✻ 用感恩的心去看世界

当我们身处寸步难行的逆境时，我们要懂得每个人都不可能一帆风顺，有竞争就会有成功，这也就意味着有失败；有喜悦，也注定会有失落。如果我们把生活中的这些起起落落看得太重，那么生活对于我们来说永远都不会坦然，永远都没有欢笑。我们在人生这条路上，应该有所追求，但暂时得不到并不会阻碍日常生活的幸福。我们要有感恩的心态：感谢命运赐予我们的考验，感恩身边陪着我们的人，使自己在希望中乐观豁达，战胜面临的苦难，迎接即将来临的曙光，帮助我们获取健康、幸福和财富。反之，当我们身处巅峰的顺境之中，狐假虎威；身陷低谷时就垂头丧气，面对挫折，只是一味唉声叹气去抱怨，只能注定自己是一个无法成功的弱者。

一个安静的傍晚，他在乡村公路上独自一人驾着车回家。在美国中西部这个小镇上谋生，他的生活节奏就像他开的老爷车一样迟缓。自从所在的工厂倒闭后，他就没有找到过固定工作，但他没有完全放弃希望。外面天气很寒冷，暮气开始升起，逐渐笼罩了四野。在这个地方，除了那些外迁的人，谁会在这样的路上驾驶？

他所熟悉的朋友们几乎都已经离开了这个小镇。朋友们各有各的梦想要去实现，各有各的家庭要去照顾。面对这些，他还是选择了留在故乡。这是生他养他的地方，这里有着他的童年和梦想，还有父母留给他的家。周围的一切都是熟悉而亲切的，他可以闭着眼睛告诉你什么是什么，哪里是哪里。他的老爷车的车灯坏了，但是他不担心，他能认清所有路。天开始变黑，雪越下越大。他告诉自己得加快速度了。

他几乎没有注意到那位困在路边的老太太。外面的天已经很黑了，这么偏远的地方，一个老太太想要求得援助是很不容易的，我来帮她一把吧。他一边想着，一边把老爷车开到老太太的奔驰轿车前停了下来。尽管他朝老太太报以微笑，可是，他看得出老太太的情绪非常紧张。她一定在想：会不会遇上强盗了？这人看上去穷困潦倒，就像一只饿急了的狼一样。

他看得懂这位站在寒风中瑟瑟发抖的老太太的心思。他说："别怕，我是来帮你的。你先坐到车子里去，里面暖和一点。不要担心，我叫拜伦。"老太太的车胎爆了，换上备用胎就可以。但这对一个上了年纪的老太太来说，换备用胎并不是件容易的事情。拜伦钻到车底下，仔细察看底盘哪个部位可以撑千斤顶把车顶起来。他爬进爬出的时候，一不小心把自己的膝盖擦破了。等将轮胎换好，他的衣服脏了，手也酸了。就在他将最后几颗螺丝上好的时候，老太太将车窗摇下，开始和他聊天。她告诉他，她是从大城市来的，从这里经过，非常感谢他能停下来帮她的忙。拜伦一边听着，一边将坏轮胎和修车工具放回后备厢，然后关上，脸上挂着微笑。老太太问他收多少钱，还说他要多少钱都可以。因为她能想象得出如果拜伦没有停下来帮她的话，在这种地方和这个时候，什么样的事情都有可能发生。

难道帮这位老太太的忙是要向她要钱吗？拜伦想都没有想过。他从来没有把帮助人当作一份工作来做。别人有难应该去帮忙，过去他是这样做的，现在他也不打算改变这个做人的准则。他告诉老太太，如果她真的想报答他的话，那么下次她看见别人需要帮助的时候就去帮助别人。他笑着补充道："那时候你可要记得我啊。"

他一直看着她的车子开远。他这一天其实并不顺心，但是现在他帮助了一个需要帮助的人，当他一路开车回家时，心情变得很好。

那位得到帮助的老太太在车子开出了一段距离后，看到路边有一家很小的咖啡馆，就停下车，走了进去。她想，还得开一段路才能到家，不如先吃一点东西，暖暖身子再上路。

这是一家有些年头的咖啡馆，门外有两台加油机，室内很暗，收银机就像老掉牙的电话机一样没有什么用场。女招待走过来给她送来了菜单，老太太觉得这位招待的笑容让她感到很舒服。她挺着大肚子，看起来最起码有八个月的身孕了，可是一天的劳累并没有让她失去待客的热情。老太太心想，是什么让这位怀孕的女人必须工作，又是什么让她仍如此热情地招待客人呢？这时，她想起了拜伦。

吃完东西，老太太给女招待100美元现钞结账。当女招待将零钱送还给老太太时，却发现她已经悄悄离开了。她注意到老太太用的餐巾纸上写着字，在餐巾纸下，她发现另外还压着300美元现金。

餐巾纸上写着这样的字："请把这钱当成我的礼物。你不欠我什么。我经历过你现在的处境，有人曾经像现在我帮助你一样帮助过我。如果你想报答我，就把这份情传下去吧！"

女招待读着餐巾纸上的话，再也控制不住自己的情绪，眼泪夺眶而出。

当天晚上，她回到家里，躺在床上翻来覆去，久久难以入睡。她想着那位老太太留下的纸条和钱。那老太太怎么知道她和她丈夫正在为钱犯愁呢？下个月孩子就要来到这个世界了，费用却还完全没有着落，她和丈夫一直都在为此担心。现在好了，老太太的善举真是雪中送炭啊！

看着身边熟睡的丈夫，她知道一整天他也在为赚钱而发愁。她侧过身去，在他脸上印上轻轻地一吻，温柔地说："一切都会好起来的，拜伦，我爱你。"

好人终有好报，这是亘古不变的真理。做个好人吧，不要计较眼前的得失，要获得持续的成功，光有技术、手段、技巧是远远不够的，还必须有一颗感恩的心。

我们每个人从出生，迎接我们的就是亲人们的关怀和期望，在他们无微不至的关心与呵护之中，我们走出家门，走向更宽广的世界，而在成长的路上，不断有良师益友的鼓励、帮助加入进来，我们只有将一路的感恩化为动力，在慰藉温暖之中，激发我们挑战困难的勇气，进而获取前进的动力，鼓起勇气努力奋斗，将一切疲惫和怠倦一扫而空，取而代之的是让自己每天清晨从幸福出发，每天傍晚收获满满的快乐而归。动力是我们奋斗历程中的兴奋剂，能使我们坚定地望着远方，踏实地迈好眼前的每一步，将泥泞的道路，延伸至人生辉煌的金字塔。

第二章

停止抱怨，感恩工作

❀ 感恩改变一切

成功大师安东尼曾说："成功开始就是先存有一颗感激之心，时时对现状心存感激，同时也要对别人为你所做的一切满怀敬意和感激之情。假如你接受了别人的恩惠，不管是礼物、忠告还是任何形式的帮忙，如果你够聪明的话，就应该抽出时间，向对方表达谢意。"

这个世上还没有哪一个人强大到无须任何人的帮助，无论在生活中还是职场上，都不可能当一座孤立的小岛。从迈进职场的那天起，其实就等于是接受了领导的知遇之恩，有了工作才有生活的基础，有了工作才有实现梦想的可能。从这一层面上来说，我们没有理由去抱怨工作，而是应当心存感激，用奉献作为回报。

在一个国际企业家论坛上，一位记者采访台上的某企业家，问他最欣赏的员工是什么样的？这位企业家诚恳地说："有感恩之心的员工。一个对人、对事、对物始终保持一颗感恩之心的人，一定会成功。"

萨利塔是麦当劳一家门店的普通员工，他的工作内容很枯燥，每天就是不停地做很多相同的汉堡，没什么新意，还很辛苦。不过，萨利塔却做得很开心，从来都是笑盈盈地对待所有顾客，几年来一直如此。他的这种热情和真挚，感染了不少人。

有顾客问他："做这么一份毫无新意的工作，你为什么还会如此开心？"

萨利塔说："我每做出一个汉堡，就知道一定会有人因为它的美味而感到开心，那我也就感受到了我的作品带来的成功，这是多么美好的事情啊！我每天都会感谢上天，给予我一份这么好的工作。"

由于萨利塔的热情态度，这家店的生意也特别好，顾客们都免费为它进行口碑营销。后来，麦当劳总部听说了这件事，特意找到萨利塔，把他调入总部担任了一个重要的职位。

同样是平凡的、琐碎的工作，懂得感恩的人就能让自己快乐地付出，享受细微的成功带来的激励。这种对人、对事的感恩，也调动了自身最积极的能量，传递给周围的人，把气场营造得更为融洽。

戚明军是一个普通的工人，可他却在平凡的岗位上，创造出了非凡的事业。在担任动力车间主任的五年里，他始终对企业心怀感恩，尽心尽力地工作，把努力做事当成一种快乐，所有的心思都围绕着建设文明向上的车间这一目标。作为车间的第一领导人、责任人，他用"感恩"的精神感染着每一位下属和员工，带领着他们一步步地向前迈进。他深知，动力车间是电解的"心脏"，保障着供电的平稳和安全，责任重大。为了更好地了解设备性能，做好车间的管理工作，他刻苦攻读了"三万吨"设备的产品说明书，查阅安装施工图纸，从完善危急监控保护系统到6KV供电系统、110KV开关站的检修试验，从辅助设备的维护保养到秋季预防性检修试验，他都亲自指挥，身先士卒，在实践中不断地挖掘和积累经验。

戚明军在工作中始终树立感恩企业、爱岗敬业的意识，他经常向领导学习国家安全法律、法规和公司的规章制度，让职工们重视安全的问题。

他所管理的动力车间，处理了各个系统存在的大小事故隐患三百余次，准确无误地完成了大型倒闸操作百余次，小改小革六十余项，为公司节约了近百万元的资金。

何谓感恩？不是嘴上说说，而是自然地情感流露，更是不求回报的行动。就像戚明军这样，发自内心地为企业着想，他关注的焦点不是公司能给自己什么，而是自己能给公司带来什么，能为公司创造什么价值。遇到问题的时候，不会因为害怕承担责任而推诿，也不会唉声叹气地抱怨，而是想着如何把危害降到最低，把问题巧妙地解决掉。

公司不会给一个没有作为的人发放丰厚的薪水，也不会让他担任重要的职务，所有优秀的员工，都是先奉献出了自己的价值，才得到了应有的回报。现在，问题又回来了：你能够为公司做些什么呢？

答案就是：认真负责地处理好你每天要做的事情，时刻提醒自己，你不是在为老板打工，而是在为自己谋前程；你为公司做得越多，自己的收获就越大。每天下班前，回顾一下自己的工作，扪心自问：是否付出了全部的精力？是否完成了所设定的目标？秉持着这样的行事作风，你的工作业绩定会蒸蒸日上。

其实，人与人的差别并不大，多少人也都发过誓、立过志、努力过、奋斗过，可似乎总有无形的屏障阻碍着，继而觉得平庸和卓越之间有一道不可逾越的鸿沟。其实，这道鸿沟就是对待工作的态度，唯有学会了感恩，秉承奉献的理念，才能真正忘我地投入其中，调动出内在的热情，最终跨过平庸，走向卓越。所以，学会感恩吧！懂得了感恩，人生才会发出它本来应有的光芒。

✿ 感恩是根治抱怨的良药

工作为我们提供了稳定的薪水，解决了衣、食、住、行等生存所需，它使我们实现了经济上的安全，有了稳定的工作，让我们的心安定下来，驱除了我们在社会上的漂泊感。

我们从工作中获得的一切、享受的一切，不是平白无故得到的，这是许多人创造的、奉献的，其中就包括你的老板。老板给了你一个机会、一个平台，给你提供了良好的工作环境和各种福利待遇等，成就了你的事业，成就了你的价值，成就了你的人生。

感恩之心，是我们每个人生活和工作中不可或缺的阳光雨露，一刻也不能少。

1972 年，新加坡旅游局给李光耀打了一份报告，大意是说，我们新加坡不像埃及有金字塔，不像中国有万里长城，不像日本有富士山，不像夏威夷有十几米高的海浪，我们除了一年四季直射的阳光，什么名胜古迹都没有，要发展旅游事业，实在是巧妇难为无米之炊。

李光耀看过报告，非常气愤。据说，他在报告上批了这么一行字：你想让上天给我们多少东西？阳光，有阳光就够了！

后来，新加坡利用那一年四季直射的阳光，种花植草，在很短的时间里，发展成为世界上著名的"花园城市"。

几乎在每一个企业里，都有"牢骚族"或"抱怨族"。他们每天轮流把"枪口"指向企业里的任何一个角落，埋怨这个、批评那个，而且，从上到下，很少有人能幸免。他们的眼中看到的处处是毛病，因而时时都能看到或听到他们的批评和怒气。

"我到公司这么多年了，按理说，没有功劳也有苦劳，为什么一直升不上去？一定是老板看我不顺眼！"

"你别看某某外表老实，其实也不是什么好东西，最喜欢在别人背后放'黑枪'，专打小报告，却偏得上司的喜欢。"

当抱怨成为一种可怕的习惯时，它的力量是"巨大"的，几乎可以摧毁一个人的前程！

没有人喜欢和一个满腹牢骚的人相处。太多的牢骚只能证明你缺乏能力，无法解决问题，所以才会将一切不顺利归咎于客观因素。

不少员工总是在想着"我应该得到什么"，抱怨企业或领导"没有给我什么"，或是"我那么卖命才给那么点工资"，却没有自问："为了得到希望从事的岗位，我还缺乏什么？可能要付出什么？做得够不够？"抱怨别人者总是把责任推到别人身上，看不到自己的缺陷和不足，于是抱怨成了不负责任和不够忠诚的借口。这样下去，他们在抱怨中会丧失许许多多的机会，落在别人的后面。

这些人，应该明白这样一个质朴的道理：与其抱怨，不如怀着一颗感恩的心去实干。如果你能每天怀抱着一颗感恩的心情去工作，在工作中始终牢记"拥有一份工作，就要懂得感恩"的道理，那么你一定会成为出类拔萃的员工。

有位普通职员在谈到她被破例派往国外公司考察时说："我和另一个同事虽然同样都是研究生毕业，但我们的待遇并不相同，他职高一级，薪金高出很多。庆幸的是，我没有因为待遇不如人就心生不满，而是认真做事。

"当许多人抱着多做多错、少做少错、不做不错的心态时，我尽心尽力做好每一项工作。我甚至会积极主动地找事做，了解主管有什么需要协助的地方，事先帮主管做好准备。因为在我上班报到的前夕，父亲告诫我三句话：'遇到一位好老板，要忠心为他工作；假设第一份工作就有很好的薪水，那你的运气很好，要感恩惜福；万一薪水不理想，就要懂得跟在老板的身边学功夫。'

"我将这三句话牢牢地记在心里，自己始终秉持这个做事原则。即使起初位居他人之下，我也没有计较。但一个人的努力，别人是会看在眼里、记在心上的。在后来挑选出国考察学习人员时，我是唯一一个资历浅、级别低的办事员。这在公司里是极为罕见的现象。"

永远怀着感恩的心是一种人生态度，它是决定着你能否成功的关键。当然，真正的感恩应该是真诚的、发自内心的，而不是为了某种目的而迎合他人。时常怀有感恩之心，你就会变得更谦和、可敬。每天都用几分钟时间，为自己能有幸成为公司的一员而感恩，为自己能遇到这样一位老板而感恩吧，以特别的方式表达你的感谢之意，付出你的时间和精力，为公司更加勤奋地工作吧，这比物质的礼物更可贵。

对工作心怀感激，并不仅仅有利于公司和老板。"感激能带来更多值得感激的事情。"这是一条永恒的法则。请相信，努力工作一定会给你带来更多更好的工作机会和成功机会。感恩是一种深刻的生命体验，能够增

强个人的魅力，开启神奇的力量之门，发掘出无穷的智能。感恩也像其他
受人欢迎的特质一样，是一种值得大力提倡的习惯和态度。

✱ 少一些抱怨，多一些激情

在工作中，很多人都抱怨过，比如"我们公司的管理太不人性化了，
每天这么早上班，还要求指纹打卡""我们的工资根本不值得我们做这么
多的事情""老板一点也不关心我，不在乎我，在这样的环境里工作，我
怎么能做出好成果"等。正是因为我们心中存在这些充满负能量的声音，
我们才会去抱怨工作，我们才会感到工作乏味。

当今社会，生活压力随着需求不断增加，我们抱怨的声音也随着压力
的增加越来越大。我们总在说自己很忙，没时间去放松，总是有太多的事
情要做。适当的抱怨确实可以释放压力，让自己更好地工作，可如果我们
总是在抱怨，那只会让自己的理智失去判断，无法用心去工作，最后使自
己的职业生涯越来越窄。

艾森豪威尔是美国历史上的第 34 任总统。在他年轻的时候，有一次，
全家人一起玩纸牌。艾森豪威尔连续好几次都拿到了很差的牌，于是他变
得很沮丧，开始不停地抱怨，甚至想要扔下手里的牌退出游戏。这时候，

他妈妈停下游戏，严肃地说："如果你要玩，就必须用你手里的牌玩下去，不要再抱怨，不然，你就退出。"艾森豪威尔愣住了。他看着妈妈严肃的表情，终于停止了抱怨，玩了下去。

纸牌游戏结束后，妈妈很认真地和艾森豪威尔谈了一次话。她语重心长地说："刚才的纸牌游戏是这样，我们的人生也同样如此。你没有办法选择拿到手的牌，但是要想继续游戏，你就必须用你的牌尽力去玩，而不是抱怨不止。只有尽全力，你才能得到最好的结果。"

妈妈的这些话成为艾森豪威尔的座右铭，他一直牢记这次教训，在后来的生活和工作中，他从来不抱怨，而是认真对待每一件小事，这样的态度，让他获得了成功。

对于员工来说，一开始的低职位就像是拿到手里的纸牌，好与坏是不能随心所欲地选择的，任何一项工作都必须完成。只有用心去做，才能够获得锻炼的机会。如果因为心态浮躁，眼高手低，放弃了职位，也就等于放弃了隐藏在其中的好机会。

美国哈佛大学有这样一条著名的校训：时刻准备着，当机会来临时你就成功了。对于每一位员工来说，这句话同样值得深思。只有在平凡的职位上不断努力，才能够为将来的成长制造机会。

如果我们把自己的眼光停留在抱怨工作的层面上，那就只能使自己的工作永远停留在原地。反之，如果我们将精力和目光放在如何解决问题上，用心去工作，那最后就会收获意想不到的效果。

一味地抱怨，对工作是没有任何好处的，只能让自己徒增烦恼。在职场中，我们应该闭紧抱怨的嘴，用心做事，将自己的热情和精力都投入到工作中。要知道，抱怨不会改变我们的现状，只会让我们陷入更加不幸的状态。所以，我们只有放下抱怨，才能有快乐的心情去工作，才能创造自己的人生。

抱怨就是一种消极的思维方式，是一种逃避问题的消极思维方式，因此我们要远离抱怨，一味地抱怨只会使我们失去思考和解决问题的能力。我们要明白，企业的建设和发展从来不需要抱怨，抱怨只能使企业的状况变得更糟。所以，领导只喜欢那些用心工作，从不抱怨的员工。

用心工作的人不会抱怨，他们只知道全身心地投入到工作中。如果我们想得到别人的安慰，适当的抱怨会让我们收到想要的效果，但是，如果我们不停地抱怨，那只会让别人讨厌我们，同时还让我们的思绪处于一种混乱的状态。另外，持续的抱怨还会产生负面的影响，让我们的思想和眼界变得肤浅和狭隘，使我们的注意力无法集中到自己应该专注的事情上。

激情是一个人做好工作的重要因素。积极进取可以让人更加投入地工作，员工之间也能够互相信任，彼此更容易沟通。总之，只有在工作中充满激情，全力以赴，我们才能在各自的岗位上做出出色的业绩。

激情是一个人成功的前提。激情能够让人的工作能力得到提升，能够让一个人得到锻炼。激情是一种积极的态度，是一种对事业成功的渴望。对公司始终保持着激情，那么，我们的事业也就有了前进的动力。

你对工作充满激情，那么，老板也会非常欣赏你。有了激情，我们对工作的目标也就更加的坚定。有了激情，我们才不会抱怨，才可以更好地去创造价值，享受工作的乐趣。激情不一定就是轰轰烈烈，我们也可以在平凡的工作中拥有激情。在平凡的岗位上全心全意地工作，尽自己最大的努力，做好每一天的工作。

做一个富有激情的员工，这种激情能使你更加热爱自己的工作，更加享受自己的工作，然后通过自己的努力，在工作中得到全面的发展，同时也为企业做出巨大的贡献。我们一定要竭尽全力，让自己变成一个富有激情的员工，唯有如此，我们才能得到更长远的发展。

工作中总会遇到各种各样的不如意，我们与其抱怨，不如去努力改变自己。抱怨不会改变现实，我们只有战胜情绪，让理智统领自己，用心去工作，才有可能改变现状。而富有激情的人给公司带来的总是正能量，他们精力充沛，工作起来积极、主动。

❀ 让浮躁的心在感恩中沉淀

很多人在工作时心不在焉，经常夜不能寐，总因为自己的利益得失而烦恼，常常感到疲惫。总是不能够耐心地去做事情，急功近利，其实，我们需要静下心来实实在在地做事情，踏踏实实地工作。

凡是成大事者，都力戒"浮躁"二字。只有踏踏实实行动才可能开创成功的人生局面。浮躁会使你失去清醒的头脑，在你奋斗的过程中，浮躁会占据着你的思维，使你不能正确制定计划、策略而稳步前进。所以，任何一位试图成大事的人都要扼制住浮躁的心态，只有专心做事，才能达到自己的目标。

我们做任何事情都不能太着急，尤其是工作中比较重要的事情，我们更是要谨慎、沉稳地对待。成功的人往往是那些沉得住气的人，他们做事情总是有条有理，不会出现大的纰漏。相反，一个人如果心浮气躁、急功近利，那这种浮躁的工作态度肯定会让他的工作变得异常艰难。

人心浮躁已经越来越普遍，到了员工身上，这种浮躁更多地表现为工作不踏实与频繁跳槽。很多人工作稍有一些不如意就跳槽，与同事关系不好会跳槽，看到可以多赚些钱的工作会跳槽，甚至有时候没有任何原因也会跳槽。在他们眼里，下一个工作肯定比现在的好，好像一切问题都能以跳槽的方式解决。其实不然。他们这样反复无常地跳槽，慢慢地，就会失去自我，失去以前那种积极努力的进取精神，一有困难就退缩，遇到麻烦就绕开走。换工作的结果并不能彻底解决工作中遇到的问题，因为任何工作都不是一帆风顺的，如果以这种"换工作"的态度对待工作，只会毁了自己的美好前程。

在实际工作中，许多盲目跳槽的员工，他们的工作目标往往不清晰，但期望值却很高，因而失望也更大。失望越大，对周围的环境或人的不满情绪就越强烈，从而恶化情绪，失去工作的激情和动力，最终在公司里找不到适当的位置。

优秀的成绩离不开积累：知识需要积累，财富需要积累，工作经验也需要积累，而积累总是需要一定的时间才能完成的。对许多人来说，在企业待上三四个月，应该说对企业才刚刚有了一个初步了解，岗位技能也才刚刚上手。过早跳槽，对个人来说，不是明智的选择，而是一种时间和精力的浪费，也是对企业一种不负责任的表现。

所有人都渴望找到一个适合自己、能够施展才华的工作，这当然是无可厚非的，但过于频繁地跳槽，对企业的负面影响是巨大的，同时也会影响到个人的道德可信度。没有哪家企业的老板会任用对自己公司不感恩的人。频繁跳槽，对感恩和忠诚是一种亵渎。

在工作中，有些人表现得极为浮躁，眼高手低，一事无成。有些职场新人，他们刚刚进入公司，需要从最基层做起，那些志存高远的年轻人，他们总表现出失望，常常没有办法静下心来做好工作。他们认为自己当前的工作太过普通、单调，不值得去做，更看不起眼前的职位。总认为凭借自己的能力应该做更重要的工作，拥有更重要的职位，享受更高的待遇。于是，他们对待工作持应付态度，推卸责任，敷衍了事，他们总是抱怨，认为自己在公司遭受挫折是因为没有人看到自己的能力和才华。既然没有人赏识自己，那么自己的才华就会被埋没。所以，只有跳槽离开这里，寻找能够赏识自己的上司，才有可能有出头之日。他们抱着这样的心态与想法，整天抱怨上司不懂得欣赏自己，不知道重用自己，自己怀才不遇。他们选择不断跳槽，希望有机会通过这样改变自己的职业命运。但是跳来跳去，他们却更加茫然，不但没有找到欣赏自己的上司，而且更没有实现自己的理想。相反，由于自己的急功近利，能力配不上自己的野心，失去了提高自己的关键阶段，最终一事无成。

不管个人的能力多强，都不要希望一步就能成功，不要急功近利。生活中会遇到很多不顺利，也会遭遇很多困难，但是不要浮躁，因为平和的心态是帮助一个人成功的前提。卡耐基说过："年轻人充满梦想是件好事，但还需要懂得在脚踏实地的工作中去实现，浮躁是最要不得的。"如果你心态浮躁，急功近利，失败和平庸会和你相伴而行。

在平凡中发现精彩

每天忙活着各种各样的事务，却没有得到上司的认可；对工作从未有过丝毫懈怠，却还是被同事抢占了升职的名额；对客户总是笑脸相迎，却还是因误解遭到了投诉……烦躁、沮丧、愤怒的情绪瞬间袭来，面对这样的情况，该怎么办呢？

有人得过且过，每天还是按时来按时走，不求做出什么成绩，混一天算一天；有人颓靡不振，在自怨自艾中失去了动力；还有人干脆走人，心想此处容不下我，我换个地方就是。

显然，前两种做法完全就是经不起挫败、放任自己的做法，也许当下还能得过且过，一旦有更好的人选出现，你的位置立刻就会被顶替，职场从来不相信眼泪，也不会供养闲人。最后一种做法，看似行得通，实际上也是治标不治本，生活不是换个地方、换个人群，就没有压力、没有竞争和烦恼了，学不会解决问题的方法，下次遇到同样的情况，你还要用跳槽来解决吗？

情绪是思维的催化剂，思维能力可以通过情绪的调节而显示出更高的效应，人也会因此显得更聪明、更能干。积极的情绪可使人精神振奋、想象丰富、思维敏捷、富有信心。消极的情绪则使人感到枯燥无味、想象贫乏、思维迟钝、心灰意懒。有时，我们总习惯把个人的成功归结于智商和机遇，事实上，情商在决定事业成就方面比智商更为重要，而情商的核心恰恰就是情绪控制。

并非所有的成功都来自智慧，更重要的是，能够在适当的时候控制自己的情绪，不让坏情绪、负面因素去影响自我潜能的发挥。急事慢慢地说，大事想清楚再说，小事幽默地说，没把握的事小心地说，做不到的事不乱说，伤害人的事坚决不说，没有发生的事不要胡说，别人的事谨慎地说，自己的事怎么想就怎么说，现在的事做了再说，未来的事来了再说。

初入职场时，小赵不过是个小职员。没见过世面，经验不足，做事经常犯错，上司不断质疑他的能力。独身漂泊在繁华的城市，没有亲人可以依靠，唯独有几个朋友，也和自己一样，都是没有背景、初出茅庐的同龄人，谁也帮不了谁，那种压力可想而知。

为了生活下去，为了证明自己，小赵只能迎难而上。他说："当时，我只想着怎么样让上司欣赏我。我试着多跟上司沟通，尤其是遇到一件事没有把握的时候，我就想听听他的看法，并且按照他的方式去做。然后慢慢地总结经验，在此基础上对做事的方法进行'改良'，非常有成效。做这些事有个前提，那就是别太碍于面子，不好意思开口。沟通，是一剂良方。"

工作头几年，人际关系上的困扰让小赵很头痛。读书时，大家都跟朋友一样，不喜欢的人大不了不去接触。工作之后，他发现这一套不灵了。同事之间会牵扯到合作、沟通、利益各方面，逃不掉的。如何改善关系，如何少给自己制造压力，就成了一个关键性的问题。小赵的处理办法是：对同事不能期望太高，他们没有"对你好"的义务；同事之间不要过分亲密，毕竟会牵扯到利益和竞争，如果对方了解你太深，有可能也会对你不利；另外就是要宽容点，别太斤斤计较，不能要求别人都和自己一样，有同样的性格和处事方式。最后，留一颗友善心，不要嫉妒那些超越自己的人。

现在，小赵已是一家公司的高管，提及管理的问题，他更是颇有心得："管理者得树立自己的形象，有严肃、坚持原则的一面，也不能失去亲和力；不要总是摆架子，要虚心听下属的意见，若是做错了，也要主动承认。以身作则，以能力说话，才能让下属心服口服。如此，与你对立的很多情绪和行为，就必然会减少。你的压力，自然也会少很多。"

谁的成功也不是一蹴而就的，谁的职场路也不是一帆风顺的。压力、烦恼，总会不时地袭来，有人放纵坏情绪的吞噬，有人却想办法摆脱它的困扰。前者只会浪费精力和生命，后者却可以从中挤出一条路，让自己柳暗花明。

工作不只是看能力，更重要的是态度。当你认为自己的工作辛苦、烦闷、无趣的时候，就算你有才华、有技能，也无法做好这份工作，发挥出最大的潜能。世上任何一种工作都有它存在的价值，也有它不尽如人意的地方，重要的是我们能否保持良好的心态，去发现工作中的快乐与精彩。

唯有喜欢自己的工作，才能发现它的价值，以及其中蕴含的机遇。工作不可能十全十美，只有用感恩的眼光去看待工作，在淡泊中去创造精彩，才能保持始终如一的热情，发现工作的魅力。

❁抱怨会让感恩走远

生活中充满了不如意，所以我们习惯了抱怨：抱怨命运不公，抱怨生不逢时，抱怨造化弄人，抱怨人微言轻，抱怨薪水微薄……但在抱怨中，我们却对拥有的幸福熟视无睹、不懂珍惜，并且单纯地放大缺憾，在抱怨中，患得患失、斤斤计较，因此，感恩之心越走越远远。

海伦从小又盲、又聋、又哑，但是她没有抱怨命运的不公，没有抱怨父母没让她成为一个健全的人，她怀着一颗感恩的心，感谢父母给了她生命，用顽强的毅力与病魔做斗争，学会了多种外语，最后毕业于哈佛大学德吉利夫学院。她用笔写了一部又一部的文学作品回报社会和父母。正因为拥有一颗感恩的心，海伦变得更加坚强和勇敢，是感恩，让她体会到了人生的快乐。与海伦比我们能够自由地看，能够痛快地听，能够放声地唱，谁说这不是一种命运的恩赐，谁说这不是人生的最大幸福？

感恩是没有抱怨，心存感恩的人永远不会抱怨。

你把每一件不如意的事情都情绪化，坏运气就会渗透到你人生的每一个领域，因此，你离成功会越来越远。你看到的是一个半空的玻璃杯，而那些乐观主义者看到的却是一个半满的玻璃杯。一个悲观的抱怨者，当遇到飞机晚点 30 分钟，或当他已经下载了 95% 的软件网络突然断线，或一场重要的球票卖完了，或必须等半个小时才有座位就餐，他总会说："我怎么这么倒霉啊！"

今天你的上司找你谈了话。回到办公室非常不开心，于是拉了个同事开始抱怨领导对你有多么多么不好。回到家，你又把今天碰到的烦心事告诉你身边的亲人，而且是不停地说。上班的第一天，你就洞察到办公室里人心叵测，各怀鬼胎，存心给你下马威。回到家就开始跟家人诉说"无能"的同事又加薪了，而你却只能等下次了。你在逛商店时看好一条连衣裙，可穿上后并不是那么理想，恋恋不舍地脱下，你抱怨自己腰太粗，腿太短，肤色也不好。你最近在看一本畅销书，但是你觉得它写得很一般，封面也难看，价格还贵，买了真是上当……

当遇到问题或经受挫折的时候，你把你的注意力全都放在了抱怨上，你虽然能在短时期内有所发泄，但是你不知道它的恶劣后果。大多数人都会觉得抱怨是很好的发泄工具，可以在受到挫折或面临困难的时候放松自己的心情，然而往往忽略了这种情绪对自己的严重影响。

你有这么多可抱怨的东西，你眨着无辜的眼睛哭诉着自己的不幸，可是你这个抱怨者，难道就不知道很多抱怨都是你自己一手造成的吗？你的工作没做好，上司自然会找你；你不注意饮食，没有适合你的衣服这很正常；你不看天气预报，就有可能被雨淋湿。所以，你抱怨的时候不从自己身上找原因，结果养成习惯之后，你就再也不愿意从自己身上找原因，你的人生就不会有什么快乐了。

一个人与其去抱怨自己所受的伤害，不如改变以前的策略，趋利避害；一个人与其抱怨道路不平让自己跌倒，不如弯下腰来将路填平；一个人与其抱怨生活的繁杂，不如改变自己，微笑着面对生活，就会发觉为生活而懂得改变的人，其实最有魅力，也最能在创造价值之中得到快乐。

用感恩的心驱逐抱怨的“恶魔”

在现实生活中有很多人，这也看不惯，那也不如意，怨气冲天，牢骚满腹，总觉得别人欠自己的，社会欠自己的，从来感觉不到他人为自己的生活所做的一切，这种人心里只会产生抱怨，不会产生感恩。对生活怀有一颗感恩之心的人，即使遇上再大的灾难，也能熬过去。感恩者遇上祸，祸也能变成福，而那些常常抱怨生活的人，即使遇上了福，福也会变成祸。

两个在沙漠中迷路的行者，已行走多日，在他们口渴难忍的时候，碰见一个牵骆驼的老人，老人给了他们每人半碗水。两个人面对同样的半碗水，一个抱怨水太少，不足以消解身体的饥渴，抱怨之下顺手将半碗水泼掉了；另一个人也知道这半碗水不能完全解除身体的饥渴，但他却拥有一种发自心底的感恩，并且怀着这份感恩的心情，喝下了这半碗水。结果，前者因为拒绝了这半碗水而死在沙漠之中，后者因为喝了这半碗水，终于走出了沙漠。

许多时候，我们总是抱怨，抱怨生活中的一切，抱怨不公平的待遇、不如意的爱情，甚至抱怨天气的阴晴。其实，学会用感恩的心看周围的一切，你会有另外一种心情。

我们很容易抱怨，以至于有时自己都没有察觉。抱怨与感恩背道而驰；抱怨与敬业水火不容。当你抱怨你的妻子把饭煮糊了，这便表示你没有以爱去接受你妻子的过失；当你抱怨工作太多太累的时候，这便表示你没有对公司给你提供的机会和薪水感恩。

奎尔是一家汽车修理厂的修理工，从进厂第一天起，他就开始喋喋不休地抱怨：修理这活儿太脏了，没本事的人才干这样的活。一天到晚累个半死，浑身上下没一处干净地方，真是丢死人了。

如此，奎尔每天都在这种抱怨和不满的心情中度过。他认为自己的工作是一份很低等的工作，只是日复一日地在为一点儿可怜的工资出卖苦力。因此，他便慢慢地开始消极怠工，当同他一起进厂的同事将眼光盯着师傅手上的"活儿"时，他却窥视着师傅的眼神和举动，稍有空隙便偷懒耍滑，应付手中的工作。

几年过去了，当时同他一起进厂的三个工友，各自凭着自己的手艺和工作的劲头，或升职做了他的上司，或另谋高就有了自己的事业，或被公司送进学校去进修。只有他，仍然在抱怨声中做着他自己蔑视的修理工。

像奎尔这种鄙视自己工作的人，都是一些被动工作的员工，他们不是去努力改变自己来适应环境，而是总天真地以为自己是怀才不遇，总认为自己应该有更光明的前途。实际上，每一个员工都应该把自己作为企业的主人，每个员工的分工不同，职责不同，角色不同，但有着共同的目标和使命，所以都应该把各自的工作做好。

看看我们周围那些"今天工作不努力，明天努力找工作"，只知抱怨而不努力工作的人吧，他们从不懂得珍惜自己的工作机会，更没有对他们的工作心存感恩。他们不懂得，丰厚的物质报酬是建立在认真工作的基础上的；他们更不懂得，即使薪水微薄，也可以充分利用工作的机会提高自己的技能。他们在日复一日的抱怨中蹉跎岁月，而技能没有丝毫长进。最可悲的是，抱怨者始终没有清醒地认识到这样一个残酷的事实：在竞争日趋激烈的今天，工作机会来之不易。不懂得感恩，不珍惜工作机会，不努力工作而只知抱怨的人，不管他们的学历有多高，总是排在被解雇者名单的最前面。

年轻人往往充满梦想，这是件好事。但年轻人还需要尽快懂得，梦想只有在脚踏实地的工作中才能得以实现。许多浮躁的人曾经也都有自己美好梦想，但始终无法实现，最后剩下的只有满腹的牢骚和无边的抱怨。

没有辛苦的付出，就不会有令人羡慕的收获。人不要抱怨环境，不要埋怨他人，其实自己的人生完全由自己书写。不管你从事什么样的工作，都有机会创造属于自己的辉煌。没有努力，就不会有成功，成功只青睐于那些有梦想，愿意付出，肯努力的人。让我们用感恩的心去驱逐心中抱怨的"恶魔"，实现自己多年来的梦想吧！

第三章

承担责任，履行职责是最好的感恩

❋ 带着感恩的心去工作

生活就是一面镜子，你笑，它也笑；你哭，它也哭。你感恩生活，生活将赐予你灿烂的阳光；你感恩社会，社会将给予你加倍的关爱。你感恩工作，工作将为你提供施展才华的平台。感恩是一种生活态度，它能让你善于发现事物的美好，感受平凡中的美丽。

作为社会的一员，我们肩负着对家庭、对企业、对社会的责任，只有拥有一颗感恩的心、懂得感恩的人，才能真正负得起这种责任。我们无论从事何种职业，身在何种岗位，都应心怀感恩之心，因为感恩能让你有包容天地的胸怀，让你能容忍别人的缺点，不会拘泥于琐事，将过多的精力浪费在相互间的猜忌中。心存感恩的人，才能收获更多的人生幸福和生活快乐，才能摒弃没有意义的怨天尤人，让你时刻保持一种乐观向上的心态。

作为单位的一员，感恩是一个员工优秀品质的重要体现，只有心怀感恩，才能快乐工作；才能珍惜岗位，爱岗敬业，勤勤恳恳做事，踏踏实实做人；才能免除浮躁，去掉私心，不会过多地计较个人的得失，把自己全身心的融入集体的大家庭之中。当然，你的努力与付出也会得到回报，你的诚信与尊严将得到大家的认可，你对自己的工作会更有成就感，你会感觉你的生命更加灿烂，生活更加充实。

心怀感恩是我们全心全意干好工作的动力，企业为我们每个员工提供了一个共同发展和提升进步的平台与空间。在这我要感恩企业，感恩它让我享受到大家庭的温暖；要感恩领导，感恩他们在工作上对你的指导与帮助；要感恩身边的同事，感恩他们在生活中对你的照顾与关怀。

或许每一份工作都无法尽善尽美，但还是要感谢老板，感谢每一次的工作机会，满怀感恩之心去工作。即使起初位居他人之下，也不要去计较，要积极地将每一次工作任务视为一个新的开始， 一段新的体验，一扇通往成功的机会之门。

因为每一份工作都有宝贵的经验和资源，如失败的沮丧、成功的喜悦、老板的严苛、同事间的竞争等，这些都是任何一个工作者走向成功必须体验的感受和必须经历的锻造。

程序员史蒂文斯在一家软件公司干了八年，正当他干得得心应手时，公司倒闭了。这时，又恰逢他的第三个儿子刚刚降生，他必须马上找到新工作。

有一家软件公司招聘程序员，待遇很不错，史蒂文斯信心十足地去应聘了。凭着过硬的专业知识，他轻松地过了笔试关。两天后就要参加面试，他对此充满了信心。

可是面试时，考官提的问题是关于软件未来发展方向的，他从来没考虑过这方面的问题，他被淘汰了。

不过这家公司对软件产业的理解让他耳目一新。他给公司写了一封感谢信："贵公司花费人力、物力，为我提供笔试、面试的机会，我虽然落败了，但长了很多见识。感谢你们的劳动，谢谢！"这封信经过层层传阅，后来被送到总裁手中。

三个月后，史蒂文斯意外地收到了这家公司的录用通知书。原来，这家公司看到了他知道感恩的品德，在有职位空缺的时候自然就想到了他。这家公司就是美国微软公司。十几年后，史蒂文斯凭着出色的业绩成了微软的副总裁。

在企业中，知道感恩的人会更受到欢迎。

人力资源专家表示，许多知名企业在招聘员工时，看重的不仅仅是他们的专业知识，而是他们处理问题的方式和融入企业的速度。换句话说，就是能否怀着一颗感恩之心去踏实做人、做事。

然而，现在有很多员工可以为一个陌路人点滴的帮助而感激不已，却无视朝夕相处的老板的种种恩惠。他们将这一切视为理所当然，视为纯粹的商业交换关系。

石油大王洛克菲勒在给儿子的信中曾这样写道："现在，每当我想起我曾供职的公司，想起我当年的老板休伊特和塔特尔两位先生，内心就涌起感激之情，那段工作时光是我一生奋斗的开端，为我打下了成功的基础，我永远对那三年半的经历感激不已。所以，我从未像有些人那样抱怨老板说：'我们只不过是奴隶，我们被雇主压在尘土上，他们却在美丽的别墅里享乐，高高在上。他们的保险柜里装满了黄金，他们所拥有的每一块钱都是压榨我们这些诚实的工人得来的。'"

"我不知道这些抱怨的人是否想过，是谁给了他们就业的机会？是谁给了他们建设家庭的可能？是谁让他们得到了发展自己的可能？如果他们已经意识到别人对他的压榨，那为何不一走了之，结束压榨？工作是一种态度，决定了我们快乐与否。"

诚然，雇用与被雇用是种契约关系，可在这种契约关系的背后，就不能有感恩的成分吗？

正是因为我们有了这次工作机会，才有了生存的物质和实现人生价值的舞台；我们的聪明才智才有了萌芽的乐土；我们的人生阅历才得以丰富；我们的能力和才华才有得以施展的机会和空间。所以，为什么不告诉领导，感谢他给你机会呢？

当然，每个人的成功都离不开自己的努力。可无论你的行为是多么的完美和明智，你都不能不对别人心存感激。

想想自己的每次行动，哪一次没有别人的帮助？正是有了同事的理解和支持，还有平时从他们身上学到的知识，才让你有了成才和晋升的机会。

成功的第一步就是先存有一颗感恩之心，时时对自己的现状心存感激，同时也要对别人为你所做的一切怀有敬意和感恩之情。

满怀感恩去工作，并不仅仅有利于公司和老板，而且感激能带来更多值得感激的事情。这是宇宙中的一条永恒的法则。受人恩惠不是美德，报恩才是。当人拥有感恩之心的时候，美德就产生了。不要以为工作是平淡乏味的，当你满怀感恩之心去工作时，你就很容易成为一个品德高尚的人，一个更有亲和力和影响力的人，一个有着独特的个人魅力的人。

如果我们拥有一颗感恩的心，善于发现事物的美好一面，感受平凡中的美丽，那我们就会以坦荡的心境、开朗的胸怀来应对工作中的酸甜苦辣，让原本平淡乏味的工作焕发出迷人的色彩。我们就会感受到其中的友爱、幸福和快乐。

❋ 时刻审视自己的工作态度

众所周知，我们每个人都需要一份工作在社会上安身立命，我们需要借助公司这个平台来实现自己的人生价值。如果没有工作，那我们就没法赚取薪水养家糊口，我们的事业和前途也将无从谈起。认识到这一点后，我们就没有理由不去珍惜这份来之不易的工作，我们就没有理由不端正自己的工作态度。

美国石油大王洛克菲勒在写给儿子的一封信中这样说道："如果你视工作为一种乐趣，人生就是天堂；如果你视工作为一种义务，人生就是地狱。"其实，人生到底是天堂还是地狱，完全取决于我们的工作态度。一个对工作认真负责的人，无论他从事何种职业，他都会把工作当成是一项神圣的天职，并怀着浓厚的兴趣将它 做到完美；而一个对工作敷衍塞责的人，哪怕他身居高位，也会把工作当成是一个沉重的包袱。

有一个替人割草打工的小男孩打电话给布朗太太说："您需不需要割草工？"布朗太太回答说："不需要了，我已经有割草工了。"男孩又说："我会帮您拔掉草丛中的杂草。"布朗太太回答说："我的割草工已经做了。"男孩又说："我会帮您把草割齐。"布朗太太说："我请的那人也已做了。

谢谢你，我不需要新的割草工人。"男孩便挂了电话。此时，男孩的室友问他："你不就是在布朗太太那儿割草打工吗？为什么还要打这个电话？"男孩回答说："我只是想知道我做得够不够好！"

从布朗太太的话中，我们可以看到小男孩的口碑是非常好的，这个口碑不仅包括工作能力，同时也涵盖了工作态度。身为一名割草工人，小男孩已经将自己的工作做得足够好了，但他依旧不自满，时刻审视着自己的工作态度，以便将工作做得更好。工作态度是如此的重要，在当今世界，积极主动的心态已经变成比黄金还要珍贵的稀缺资源，它是个人纵横职场最为核心的竞争力。

某大型 IT 公司对内部员工进行企业核心价值观培训时，培训讲师讲了这样一个故事。新娘过门当天发现新郎家有老鼠，于是笑着说道："你们家居然有老鼠！"第二天早上，新郎被一阵吵闹声吵醒，原来新娘在叫："死老鼠，打死你！居然敢偷吃'我们'家的大米。"讲到这儿，讲师自然就点出了要旨：每位员工进入公司后，都应有"过门"的心态，树立主人翁意识，这样才能处处都站在企业的立场上，以老板的心态去想问题，尽职尽责，全力以赴。企业自然需要忠诚敬业的员工，而员工也需要通过企业这个平台来发挥自己的聪明才智。在这个竞争激烈的社会，态度决定一切，态度就是竞争力。

我们对待工作的态度决定我们在职场上的表现，就像故事中的新娘一样，当心态由"你们"转变成"我们"后，我们自然会对工作更为上心、认真、负责，自然会把企业的事儿当成是自己的事儿，凡事竭尽全力。

菲比德是美国一家服装公司的采购部经理，他在这家公司工作近十年，能力出众的他，职场前途一片光明。然而，就在那年秋季一天下午，他犯下了一个无法挽回的错误。

9月12日那天下午，菲比德实在经不住正如火如荼进行的欧洲杯足球赛的诱惑，还没将手头上的工作做完，他就悄悄地离开办公室，找到一个有电视的房间，尽情地欣赏起足球赛。

30分钟后，看完比赛仍意犹未尽的他，匆匆地赶回办公室，正在他窃喜似乎一切都很正常时，桌子上的一张纸条把他给惊呆了，只见纸条上面写道："亲爱的菲比德先生，既然你那么热爱足球，我看你还是回家尽情地去欣赏好了。"句尾附上的是他最为熟悉的签名——公司老板劳伦。

原来，就在菲比德刚刚离开办公室不到五分钟，平时不曾到下面各部门走动的老板，很随意地走进了办公室，并在他的办公桌前坐了20分钟，却一直未见他的影子。于是，老板勃然大怒，他不能容忍员工擅离职守，对待工作如此不负责任，所以，老板决心辞掉菲比德这位能力非凡的中层管理者。

菲比德中年失业，精神颓废到极点，虽然后来他又应聘了好几家公司，但始终没能找到适合自己的职位，最后只好赋闲在家。

不同的工作态度，往往会带来不同的工作结果。正是因为菲比德没有对工作做到尽职尽责，所以他才会被老板炒鱿鱼。当然，或许有人觉得老板的决定有些不近人情，在他们看来，菲比德不过是犯了一点小错误，何必如此大动干戈呢？然而，老板却不这么认为，今天菲比德能为了一场球赛擅离职守，那明天谁知道他还会干出什么不利于公司利益的事情呢？要知道，公私不分可是职场大忌，但凡有责任感的员工都不会选择这么去做。

不管我们从事哪种行业，我们都要树立一种"为自己而工作"的态度，努力将工作做到完美，将责任落实到位。

✱ 感恩是最好的自律

几乎每一个公司里都存在一些管理上的"死角"，这些"死角"得不到阳光的照射，因而长满了苔藓，那里阴暗、潮湿，总是让你感到力不从心，鞭长莫及。

"公司里的很多人变得越来越官僚，越来越虚伪，越来越损公肥私。要不是你建议我做私访，恐怕这种情形还会继续下去。"

一位集团老总用暗中调查的方法印证了别人对公司的评价。

他很懊丧，甚至觉得不可理喻。

于是，他决定开展一次自省运动，让大家做一番回顾，回顾这几年生活、工作中的心得和变化，用文章、演讲的形式都可以，那些写得好的将会在集团报上登载表扬。他的目的就是想改变一下公司的风气，同时也通过这件事让大家对一些问题有一个新看法。

半个月时间，稿件和要求在集团大会上演说的人越来越多。大家对这么个话题竟如此重视，这是策划之初所没有想到的！

大会如期召开，文章作者和即兴演说者非常有代表性，他们来自公司的各个层面，年龄跨度也很大，一位大学毕业不久的青年职工发表了精彩的演讲。

他认为："没有哪种规章制度是绝对有效的，因为规章并不能真正约束人，科技在发展，它赋予人许多自由，也赋予人更多的隐私空间。大家每天对着电脑工作，但没有人能够真正了解，我们是在为谁工作，我们应有的责任又在哪里？甚至许多人经常在电脑前聊天、玩游戏，但有幸的是至今还没被上司发现，这样的事情比比皆是……"

"我们部门的工作只有在网上才能展开，但工作内容之外的诱惑太多，很多人不经意地将自己手中的鼠标那么轻轻一滑，就跑到自己感兴趣的地方了，这些情况都是别人无法监督的，但是，让我们静下心来想一想：如果一个人没有自律，他怎么可能成功呢？公司给了我们这么好的事业，这么好的办公条件，我从内心里充满了对公司的感激之情，我也常会在闲暇时间去玩一会儿游戏，去聊聊天，但马上有一种负罪感跳出来，阻止我那无休止的贪心，把我从那里拉回来，让我清醒，我知道，那是一种蒙惠于公司的感恩之心在召唤我，我要为公司的前途而努力，我要为自己的使命而奋斗！"

"这个人以前我怎么没发现，讲得太好了。"老总自言自语。

随后令人印象深刻的是一位老员工，她已经快要退休了，她是一位从当年建厂就来到公司工作的第一代创业者，她从很早时讲起，讲这里是市里最偏僻的地方；讲这里条件有多差；讲公司几度濒临倒闭，大家几度下岗的心路历程；讲每个月工资只有一二百元时，生活的窘迫；讲今天集团公司给职工盖的大楼；今天的工资比 10 年前翻了 10 倍……

许多人落泪了，但发言仍在继续："我就要'毕业'了，从这个我工作一生的地方毕业了，我没有技术，我从 20 世纪 80 年代时就落伍了，但我愿意认真擦亮每一块玻璃、每一块地板，修好每一块草坪，它们就是我的价值。"她把目光转向了主席台，转向了老总说："我知道，我这个'学生'能及格吗？"

老总坐不住了，他走上台，激动地说："从我上任那天起，大姐就负责我那个楼的卫生，我只是觉得每天那里都很干净，但从未真正留意过，是谁让办公楼这么洁净。这么多年过去了，直到今天，我才发觉在我身边，原来有这么好的一位员工，我感谢你，感谢公司里所有默默奉献的人……"

从那次大会起，公司的相关活动开始活跃起来，从那次大会中，老总发现许多优秀的员工。两年后，决策层多了许多新人。

的确，感恩是最好的自律良方。一个企业、一家公司的摩天大楼盖起来了，但它的内部仍免不了千疮百孔，爬满了各式各样的蛀虫。千里之堤毁于蚁穴，严苛的规章制度会有作用，但诛身不等于诛心，只有每个员工对公司的一切都心存感激，心灵才有归属，才能成为公司真正的主人，才会真正去履行工作职责。

常怀感恩之心，就会使自己"三思而后行"，自重，自警，自励。可以说，那些在日后能成就大业，能把握自己命运的优秀人士，他们从来都是懂得感恩的人，并是具备强烈责任感和使命感的人。

让自己的内心充满感恩吧，它是自律的良方。生而为人，也是一种幸运。在你面前的是无限美好的前程，你要用感恩开始你的生命之旅，如果是这样，你注定会成功，并且会拥有精彩的人生！

❀ 承担责任是发自内心的感恩

我们都知道：企业是由员工组成的，大家有共同的目标和共同的利益。企业里的每位员工都肩负着企业兴衰成败、生死存亡的重大责任，因此，无论职位高与低，都应具备较强的责任感。拥有较强的责任感就意味着你需要拥有一颗感恩的心。

在一些企业中，很多员工认为，我给老板办事，老板给我工钱，等价交换，谁也不欠谁的。对于能够参与这份工作，没有一丝的感恩之情，如此，必然会衍生不负责任的工作态度，因为他们永远也不会想到：感恩才能让我们担当起应有的责任。

赵刚是一家大型滑雪娱乐公司的普通修理工，也是一个懂得感恩的人，做什么事情都尽心尽力。这家滑雪娱乐公司引进人工造雪机，能在坡地上造雪的大型滑雪娱乐公司。有一天深夜，赵刚出去巡夜，看见有一台造雪机喷出的全是水，而不是雪，他知道这是因为造雪机的水量控制开关和水泵水压开关不协调而出现了这种问题。他赶忙跑到水泵坑边，用手电筒一照，发现坑里的水快漫到动力电源的开关口了，若不赶快采取措施，将会发生动力电缆短路的问题，这将会给公司带来重大损失，甚至可能危及许多人的性命。在这种情况下，他不顾个人安危，跳入水泵坑中，控制住了水泵阀门，防止了水的漫延。接着，他又穿着全身是水的衣服，把坑里的水排尽，重新启动造雪机开始造雪。当许多同事赶过来帮忙的时候，他已经把问题处理妥当，这时候，他冻得浑身颤抖已走不动路了。老板闻讯赶来，连夜把他送入了医院。

赵刚的英勇行动为公司避免巨大的损失，因此受到了公司的表扬和嘉奖，老板还把他从修理工，提拔为公司部门经理。

事实证明，对于一个真正懂得感恩的人来说，履行责任是一件自然而然的事情。

心存感恩的人把工作看成一种恩赐、一种馈赠。因为接受了恩惠并且感恩，所以更加负责任，又因为更加负责任，从而带来了可喜的成果。因此，如果更多的人投入到"感恩—负责—感恩"的良性循环之中，工作中将会充满爱和感激之情，从而营造出和谐、美好的工作氛围。

有一个学习计算机的年轻人，大学毕业后四处求职，暑假过去了，他依然没有找到理想的工作，可是身上的钱却快用完了。

有一天，报纸上登出一则招聘启事，一家新成立的电脑公司要招聘各种电脑技术人员十名，但需要经过考试。年轻人感觉到机会来了，他在报名后就潜心复习，后来终于在三百多名报名者中脱颖而出。

在走上工作岗位后，年轻人才真正认识到自己的知识欠缺得太多。公司每晚要留值班人员，家住本市的同事都不愿意值班，他就索性搬到单位住，包揽了所有值班任务。公司关门后，他就在办公室拼命钻研电脑知识，比读大学的时候还勤奋，工作两个月后，他就已经成为公司的技术骨干了。

这时，年轻人的生活依然是艰难的，试用期三个月里每月只有几百元的工资，勉强够吃饭。可是这份工作来之不易，他懂得知足常乐的道理。他努力工作，表现得相当优秀。两年后，他考取了国际和国内网络工程师资格证书，成为一名网络工程师，得到公司领导的器重和同事们的好评。

几年过去了，随着公司的发展壮大，不到30岁的他凭借出色的业绩在这家公司拥有了很高的职位，并拥有了一定的股份，前景良好。当人们问起他的成功经验时，年轻人谦虚地说："其实也没什么，就是我懂得感恩。我知道这份工作来之不易，于是我每天都用几分钟的时间，为自己能有幸拥有眼前的这份工作而感恩，为自己能进这样一家公司而感恩。这样，我便有了前进的动力，再苦再累的活也难不倒我了。"

懂得感恩就意味着承担责任，没有责任感的学生是不懂感恩的学生，没有责任感的老师是不懂感恩的老师，没有责任感的员工是不懂感恩的员工。学习就要承担学习的责任，工作就要尽职尽责。感恩让人们从自己的内心深处萌生责任意识，是拥有感恩的责任意识让每一个人表现得更加卓越，更加优秀，更加受人尊敬。

在工作上，还有你可敬的同事们。有管理部门、生产部门、销售部门……试想一下，不论身处哪个部门，若没有其他部门同事的合作、本部门同事的配合，你能实现自己的价值吗？要知道，老板、同事、合作伙伴、客户，他们对你都是有恩的。

因此，无论你取得了多大的成就，都应该培养自己的感恩之心、回报之心，感谢老板和同事给予你的支持和帮助，并以更加努力的工作来回报他们！

因为我们感恩，所以负责；因为别人负责，所以我们感恩！

✿ 感恩让你更有担当

"因为别人帮了我，给我以感动，是感动让我懂得'感恩'，所以我要怀着感恩的心去帮别人，帮助那些需要我帮助的人，担当起我应该担起的那份责任。"就这么简单，却足以让人感动；就这么简单，却拨动了我们的心弦。"因为别人帮了我，我肯定要帮别人。"这句耳熟能详的话帮助我们理解了感恩与责任的关系。感恩，是一种精神、一种品质。

在工作中，我们同样应该怀着感恩的心，因为老板信任并提供给我们一份薪水和一个工作平台，我们就应该责无旁贷地承担起所有的工作职责。

一个不负责任的员工往往会找很多的借口为自己辩解，从借口上分析，很容易将没有责任心的员工分离出来。一个有责任感的员工应时刻严格要求自己：责任面前没有任何借口。

很多人在出现问题之后常用的一个借口就是："我并不十分清楚我的责任，所以才没有把工作做好。"因为不清楚所以才没有做好，听起来顺理成章。可是在这个借口的背后却有一个非常严重的问题，那就是责任感匮乏。一个人一旦缺乏责任意识，那么缺乏的东西还会更多，比如工作的热情，工作的态度，工作的效率，以及对企业的忠诚度等。如果这样，给公司甚至给我们自己带来的损失将是不可估量的，所以，作为一个员工，有必要清楚自己的责任。

放弃了自己对社会的责任，就意味着放弃了自身在这个社会中更好的生存机会。工作就意味着责任。每一个职位所规定的工作内容就是一份责任，你做了这份工作就应该担负起这份责任。因此，我们每个人都应该对自己所担负的工作充满责任感。

美国前总统杜鲁门上任后，在自己的办公桌上摆了个牌子，上面写着"问题到此为止。"意思就是说："让自己负起责任来，不要把问题丢给别人。"大多数情况下，人们会对那些容易解决的事情负责，而把那些有难度的事情推给别人，这种思维常常会让我们的工作面临失败的命运。有一个著名的企业家说："职员必须停止把问题推给别人，应该学会运用自己的意志力和责任感，着手行动，处理这些问题，让自己真正承担起自己的责任来。"

世上有许多事情是我们无法控制的，但我们至少可以控制自己的行为。如果不对自己过去的行为负责，我们就不可能对自己的未来负责。面对自己曾做过的事，我们应该做的是承担起自己的那份责任，而不是寻找借口逃避责任。

工作对很多人来说，只是谋生和养家糊口的手段，或者仅仅是出于一种非做不可的理由：因为职责的需要，因为制度的约束，因为习惯成自然。但是，他们自己从来没想过，工作是对生命的一份感恩与责任。如果每个人都认识到了工作也是一种爱，是爱自己、爱他人，是对生命的爱，那么，还会有谁对自己的生命不负责任呢？

爱是创造力和一切生命的源头，真正能够成就大事、留名青史的人无不是内心充盈着爱和责任，对生命满怀感恩与热爱。从"老吾老以及人之老，幼吾幼以及人之幼"到"先天下之忧而忧，后天下之乐而乐"，我们无不感受到爱与责任的光辉。

工作是生命的馈赠，是天职，是使命。如果能够怀着一颗感恩的心去工作，去帮助他人，为他人创造价值，那么我们不仅能感受到工作带给我们的外在价值和成就，还能体会到工作带给我们的内在幸福与和谐。

大爱无声，责任无言。在高度分工的现代社会，在效率至上和业绩为王的时代，在日趋功利和浮躁的社会风气中，让我们牢记，感恩与责任是职业精神的源头，让我们的智慧和汗水在爱的奉献和责任的付出中闪光吧！

✿ 漠视责任是对感恩最大的亵渎

一位大学心理学教授说："一个人发展成熟的最明显的标志之一，就是他乐于承担起由于自己的错误而造成过失的责任。有勇气和智慧承认自己的错误是不简单的，尤其是在他们很固执和愚蠢的时候。我每天都会做错事，我想我一生几乎都会是这样。然而，我力图在一天里不把同一件事情做错两次，但要想在大部分时间里都避免这种错误，那就不是件容易的事了。可是，当我看见一支铅笔的时候，我就会得到一些宽慰。我想，当人们不犯错误的时候，人们也就用不着制造带有橡皮头的铅笔了。"

"不要问你的国家为你做了什么，而要问一问你为国家做了什么。"这是约翰·肯尼迪当年竞选总统的演说词。

事实上，不仅是年轻人，包括许多中老年人仍有这种心态，总是不停地发牢骚，却很少反问自己。公民抱怨国家，职员报怨公司，却不去从自己身上找问题。先别问社会给你了多少，先问问你自己为社会做了多少贡献。那些不从自身找问题，却终日抱怨的人，只不过是一些"高龄"儿童在撒娇而已。

在职场上，有许多员工学会了找借口，尤其是那些"老油条"。一遇到比较麻烦的事情不是推说自己忙，就是干脆推说自己病了，不来上班，或者把本来属于自己的问题推给别的同事去处理。时间一长就形成了一种不良风气。

不愿承担责任的人会想：我开始就没答应做这件事情，所以出了问题不是我的责任。做事拖沓的人会想：这个星期我很忙，我尽量吧。没有开拓精神的会想：我们以前从没那么做过，或这不是我们这里的做事方式。态度悲观的人会想：我们从没想赶上竞争对手，在许多方面他们都超出我们一大截。在这些冠冕堂皇的借口背后隐藏着的其实是一个人的懦弱与惰性，是扶不起的阿斗的托词。

你喜欢找借口，但是你喜欢那些找借口的人吗？如果你和某人约好时间见面，而他迟到了，见面张口就说：路上车太多了，或者是他在门口迷路了等。你会怎样想？生活中只有两种行动：要么努力地表现，要么就是不停地辩解。没有人喜欢辩解，那些动辄就说"我以为、我猜、我想、大概是"

的人，想想吧，你们从这些话中得到了什么？

当然，我们并不能解决"路上堵车"的问题，我们也不太可能等外部条件都完善了再开始工作，但就是在这种既定的环境中，就是在现有的条件下，我们同样可以把事情做到完美！我们无法改变或支配他人，但一定能改变自己对借口的态度——远离借口的羁绊，抵制借口对自己的影响力，坚定完成任务的信心和决心。越是环境艰难，越是敢于承担责任，锲而不舍，坚韧不拔，就一定能消除借口这条"寄生虫"的侵扰。

没有责任的生活就轻松吗？有时候逃避责任的代价可能还会更高。不必背负责任的生活看起来似乎很轻松、很舒服，但是我们必须付出更大的代价。因为我们会成为别人手上的球，必须依照别人为我们写出的剧本生活。

工作中，一个人要想赢得公司的信任和尊重，就应该怀有感恩之心，勇敢地承担起责任。一个人即使没有良好的背景、优越的地位，只要他能够认真负责地处理日常工作中的各项事务，就会赢得公司的敬重和信任。相反，一个人即使高高在上，却不敢承担应有的责任，不懂得感恩，丧失了基本的职业道德，就会遭到他人的鄙视和唾弃。可见，用感恩的心态去接受并承担起责任是多么重要！

我们生活在处处充满着责任的社会中，亲情缔造的责任让我们幸福，友情链接的责任让我们忠诚，爱情构筑的责任让我们感动。对这一切，我们都应当心存感恩，而不是漠视和推卸自己的责任，推卸责任会伤害我们的至亲至爱，漠视和逃避责任是对感恩之情的最大亵渎。

员工和企业之间是一种基于责任的契约关系，而不单单是一种利益上的关系。因为一个人工作不仅仅为了钱和为了生存，工作还是人生的一种需要，是个人实现人生价值的一个平台。工作和事业满足了个人自我实现的需要，而这是人最高层次的需要。同时，人们需要认同感和满足感，工作满足了人的这种需要。因此，我们应怀着一颗感恩的心，用自己的实际行动去担当责任，当我们带着一颗感恩的心去履行自己的责任时，我们的内心和人生也会因此而变得丰满和充实。

❈ 认真工作，用感恩的心建造职业大厦

优秀的员工都能够认真工作，一旦我们怀着感恩的心去工作，那么，不需要别人督促，也不需要别人提醒，我们就能自觉地对工作的方方面面认真负责。认真工作，永远是最优秀的品质之一。只有那些勇于承担责任的人，才有可能被赋予更多的使命，才有资格获得更大的荣誉。一个员工能力再强，如果他不愿意付出，他就不能为企业创造价值；而一个愿意为企业全身心付出的员工，即使能力稍逊一筹，也能够创造出最大的价值来。

认真工作的人，对自己的工作会表现出积极、认真、严谨的态度，而工作态度决定着开展工作的方式方法，决定着投入工作的精力大小，决定着工作效果的好坏。人只有具备责任感，才能具有驱动自己一生都勇往直前的不竭动力，才能感到许许多多有意义的事情需要自己去做，才能感受

到自我存在的价值和意义，才能真正得到人们的信赖和尊重。

在任何一家公司，只要你勤奋工作，认真、负责地坚守自己的工作岗位，你就肯定会受到尊重，从而获得更多的自尊心和自信心。不论一开始情况有多么糟糕，只要你能恪尽职守，毫不吝惜地投入自己的精力和热情，渐渐地你会为自己的工作感到骄傲和自豪，也必然会赢得他人的好感和认可。以主人翁和责任者的心态去对待工作，工作自然就能够做得精益求精。

TNT 快递是世界上最大最安全的快递之一，而成就这个神话的就是公司一直教育员工要有的理念：每一个顾客的包裹都很珍贵，不允许有一丁点儿有辱使命的失误。

TNT 北亚区董事总经理迈克·德瑞克对这一理念做了最好的贯彻。

迈克起初只是 TNT 的一名普通业务员。在工作中，迈克总是积极主动做事，对工作负责，所以他的业绩很好。过了一段时间，迈克已经从一个销售员升职到一个区销售经理。在迈克·德瑞克看来，世界领先的客户服务是实现公司快速增长的关键，这些带来成功的要素包括：可靠、有价值、持之以恒，还有负责到底。迈克·德瑞克多次强调："我们有信心提供给客户最好的服务。"

在全球顶尖的快递公司开始占领中国市场时，TNT 快递却依然能够在中国市场占据超高份额，这与迈克的努力是分不开的。至今，迈克仍坚持每个星期都会跑到不同的城市去和一线的员工交流，听取他们的意见，主动解决问题。他知道自己作为公司在亚洲一带的负责人，有责任为公司创造出更多的价值和利润，因此，他在任何事情上都用上了 100% 的努力。

责任感可以是主动的，也可以是被动的。如果把责任感当作是被动的，时间长了我们就会觉得这是别人强加给自己的负担。然而，如果把责任感当成是主动的，我们就会主动积极地投入工作中，勇敢地挑战自己。对于一个真正负责的人，他从内心想把一件事做好，即使在没有任何要求或命令他要去做的情况下，他也会积极主动去做。正如美国总统林肯所说，"人所能负的责任，我必能负；人所不能负的责任，我亦能负。只有这样，你才能磨炼自己，求得更高的知识而进入更高的境界。"

我们一定要谨记，认真工作是我们做任何事情的基础。在工作当中，如果我们缺乏责任感的话，那么最后只能是成为一个一事无成、浑浑噩噩的人。因此，我们需要培养自己的责任感，并让它成为我们工作当中的最佳伙伴。责任，是对工作的使命，是敢于担当的勇气，是责无旁贷的义务。责任既是一种严格自律，也是一种社会他律，是一切追求成功和进步的人们基于自己的良知、信念、觉悟，自觉自愿履行的一种行为和担当。一个人无论生活还是事业的发展都离不开责任的推动。在工作当中，有些人过度地强调能力的重要性，认为人必须要有能力完成自己的工作才能取得成功，把责任放在一个次要的位置上面。殊不知，对责任的忽视往往会影响一个人事业的长远发展。事实上，只有能力与责任共有的人才是企业真正需要的人才。责任对个人及企业的重要影响难以计量，要真正把负责精神贯彻于整个工作和行动之中，让负责任成为人们的工作习惯，从而把握成功的先机。

责任心是成为企业里最可爱的员工的前提，无论你现在从事何种职业，也无论你选择这份职业的初衷是什么，总之，既然选择了，就要热爱这个职业。所谓"在其位就要谋其事"，说的就是这个道理。在任何一家企业里，领导有领导的责任，员工有员工的责任。只有做好自己该做的事情，在自己的轨道里运行得最好，才是最负责任的表现。

对一个人来说，养成了糊弄的恶习后，必定会轻视自己的工作，甚至轻视人生的意义。粗劣的工作会造成粗劣的生活。工作是人们生活的一部分，敷衍自己的工作，不但会降低工作的效率，而且会使人丧失做事的才能，这样的人，在工作中当然不会成为优秀的员工；在生活上，也不会成为受他人欢迎的人。

职场中提升最快的是那些工作认真、踏实肯干的人。我们在工作中会发现许多"不顺利"的人，他们一个个都有满腹的抱怨和牢骚，并且因为对工作的抱怨而自暴自弃、得过且过。事实上，他们面临失业的处境是自己一手造成的。

心怀感恩，认真工作，最大的受益者就是你自己。

第四章

将心注入，用行动感恩自己的企业

✿ 你是在为自己工作

人生活在世界上，当然离不开钱。我们人人都需要工作，但工作不能只为了薪水，这就像人活着不能只为了钱一样。

"无论在什么地方工作，你都不应把自己只当作公司的一名员工——而应该把自己当成公司的老板。"在我们身边，不少员工是抱着为老板做事的心态，认为"你出钱，我出力"，"我拿了钱做好自己分内的工作就行了"。这样的想法极其狭隘。我们在企业里不仅仅是为老板工作，同时也是为自己工作，因为我们不仅要从工作中获得报酬，还要从工作中学到更多的经验，而这些经验会让我们一生受用。

是的，我们是在为自己工作。不是因为薪水，也不是因为老板"要我做"，而是"我要做"。人生因工作而美丽，因工作而朝气蓬勃，因工作而有意义，因工作而无怨无悔。我们的成就感与幸福感，很大程度上都来自工作。

齐瓦勃出生在美国的一个普通的小乡村，只受过短暂的学校教育。18岁那年，一贫如洗的齐瓦勃来到钢铁大王卡内基所属的一个建筑工地打工。一踏进建筑工地，齐瓦勃就表现出了高度的自我规划和自我管理的能力。当其他人都在抱怨工作辛苦、薪水低并因此而怠工的时候，齐瓦勃却一丝不苟地工作着，并且为以后的发展而开始自学建筑知识。

在一次工作间的空闲时间里，同伴们都在闲聊，唯独齐瓦勃在安静地看着书。那天，恰巧公司经理到工地检查工作，经理看了看齐瓦勃手中的书，又翻了翻他的笔记本，什么也没说就走了。

第二天，公司经理把齐瓦勃叫到办公室，问："你学那些东西干什么？"

齐瓦勃说："我想，我们公司并不缺少建筑工人，缺少的是既有工作经验又有专业知识的技术人员或管理者，对吗？"

经理点了点头。

不久，齐瓦勃就被升任为现场施工员。同事中有些人讽刺挖苦他，齐瓦勃回答说："我不光是在为老板工作，更不单纯是为了赚钱，我是在为自己的梦想工作，为自己的远大前途工作，在认认真真的工作中不断提升自己。我要使自己工作所产生的价值，远远超过所得的薪水，只有这样我才能得到重用，才能获得发展的机遇。"

抱着这样的信念，齐瓦勃一步步升到了总工程师的职位上。25岁那年，齐瓦勃做了这家建筑公司的总经理。后来，齐瓦勃开始了创业，建立了自己的企业——伯利恒钢铁公司。这家公司后来成为全美排名第三的大型钢铁公司。像齐瓦勃这种为自己工作的人，不需要别人督促，他们自己监督自己；他们不会懒惰、不会报怨、不会消极、不会怀疑、不会马马虎虎、不会推诿塞责、不会投机取巧……他们不仅在工作中锻炼与提高了自己的能力，还积累与建立了自己良好的信誉。这些东西是他们最宝贵的资产，是他们美好前途不可或缺的基石。

一家企业要想生存和发展，就必须有一些主动和负责的员工。可遗憾的是，这样的员工在企业中却并不多见，很多人都在不停地为自己找借口，比如"不是我不愿意主动些，而是我缺少机会"等。然而，工作中真的缺少机会吗？当然不是，尤其在当今这个时代，我们从来不缺少机会。而有的人却仍然说自己没有机会，为什么呢？因为这些人一直在守株待兔，总是期待着机会自己找上门来。他们完全没有意识到，机会再多也要靠自己去主动争取，如果总是被动等待，那最后自然什么也得不到。

我们身边有很多人天生就是"乖孩子"，领导安排什么事情就做什么事情，虽然能够完成任务，将事情做好，但总让人觉得缺少什么。到底缺少什么呢？不是别的，正是积极主动的工作态度。当我们积极主动地去工作，以一种主人翁的心态去面对工作中的问题时，我们会发现一切都将变得不一样，自己每天都在飞快地进步。只要我们养成积极思考，主动工作的习惯，就能将工作做好，取得事业上的成功。

企业需要积极主动的员工，企业厌恶消极懒散的员工，因为积极主动的员工能够给企业的发展注入活力，而消极的员工只会拖住企业前进的脚步。在企业遇到困难的时候，只有积极主动的人才能与企业同甘共苦，只有他们才会努力地去思考解决问题的办法，奋斗在最艰苦的一线。个人的付出多少他们从不计较，企业的发展才是他们最为关心的。因为，他们知道，他们是在为自己工作！

工作是为自己，不必在乎别人的看法。带着一颗感恩的心去努力工作，从工作中获取快乐与尊严，这就是一个非常有意义的工作，它能实现你人生的价值。这样，你的人生会更辉煌，生命会更灿烂。

❋ 时刻对工作心怀感恩

在工作中，我们经常会听到有人抱怨："差不多就行了，这不过是公司的事，又不是自己的事情。""凭什么要我做这做那，一个月就那么点钱。""下班了我要回家，不要占用我的私人时间。"说这些话的人，他们可能有知识有能力，但对待工作的心态不对，就不可能把工作做好，也不可能得到同事的尊敬、领导的赞许。他们只会原地踏步，怨天尤人。

英特尔的一个分公司要进行人事调动，主管杰克对年轻的约翰说："你把手头的工作安排一下，到销售部去报到，我觉得那里更适合你，你有什么意见吗？"约翰虽然嘴上没说什么，但心里在想："我能有什么意见，你是主管，还不是你说了算？"

当时销售部的工作也不太好做，约翰心里想："这一次把我调到最糟糕的销售部，一定是杰克在搞鬼，我在这边工作出色嫉妒我，怕我抢了他的位置。哼，我们以后走着瞧！"到了销售部后，约翰整天板着脸，对所有新同事总是爱搭不理的，工作也不热心。慢慢地，同事们也疏远他了。

有一次，一个重要的客户打电话来，让他转告杰克，让杰克第二天到客户那里参加一个洽谈会，因为关系到一大笔业务，所以要求杰克第二天必须按时赶到。约翰认为这是一个绝好的报复机会，于是装作不知道这件事，也没告诉杰克。

第二天，杰克将约翰叫到自己的办公室，非常严肃地告诉他："杰克，客户那么重要的事情你为什么不告诉我？如果不是客户今天早晨又打电话催我，我们几乎失去了一笔上千万的生意。我本以为你平时工作表现好，只是欠缺历练，所以才把你调到销售部。可你却对此心生怨恨，还故意报复，我们整个部门差点就毁在你的手上。对于你的这种表现，我感到非常失望。我不得不告诉你，你被解雇了。"

约翰因为没有和自己的主管及时沟通，将自己对主管的怨恨情绪积攒在心里，最终做出了不理智的举动，让自己的前途尽毁。

整天抱怨的人总是受累于情绪，似乎烦恼、压抑、失落，甚至痛苦总是接二连三地袭来。反之，懂得感恩的人会视公司的工作为最重要的事，会时刻以高绩效完成工作任务为自己的使命。

消除抱怨，关键是转变态度。无论遭遇什么样的环境、面对什么样的问题，都必须学会从自己身上寻找原因，抱怨没有任何意义。细心观察你就会发现，那些沉得住气，抱怨少、自我反省深刻的人总是能比其他人更有效地解决问题，而且问题对于这些人来说，不仅不是阻碍和累赘，还是通往成功的基石。

每一份工作或每一个工作环境都无法尽善尽美，但每一份工作中都有许多宝贵的经验和资源，如失败的沮丧、自我成长的喜悦、温馨的工作伙伴、值得感谢的客户等，这些都是成功必须学习的感受和具备的财富。如果你能每天怀着感恩的心去工作，在工作中始终牢记"拥有一份工作，就要懂得感恩"的道理，你一定会收获很多。

感恩既是一种良好的心态，又是一种奉献精神，当你以一种感恩的心去工作时，你会工作得更愉快、更出色。

如果一个人、一个集体、一个社会缺乏感恩，他们就只会想着获得，不会想着奉献。

一位公司的优秀职员曾说过："是一种感恩的心态改变了我的人生，当我清楚地意识到我无权要求别人时，我对周围的点滴关怀都抱强烈的感恩之情。我竭力要回报他们，我竭力要让他们快乐。结果，我不仅工作得更加愉快，所获帮助更多，工作也更出色。我很快就获得了公司升职加薪的机会。"

"感激能带来更多值得感激的事情。"这是一条永恒的法则。在职场中，不管做任何事，一定要把自己的心态放平，抱着感恩学习的态度，莫要计较一时的得失。不论做任何事情都积极主动，全力以赴，只有这样，当成功的机会来临时，你才能真正地把握住它。

❋坚持多做一点，离完美更近一步

工作中有这么一种人，现在可以做的事情放着不做，以为以后有的是时间去做，而且还给自己找了一大堆理由让自己心安理得。其实，这种人有时候也能感觉到自己是在拖延，但却不去改变，也从不想去改变，他们每天都生活在等待和逃避之中，空有羞愧和内疚之心却不去行动，毫无疑问，这样的人，最终将会一事无成。

其实，当我们有新的工作任务时，就应该立即行动，只有这样，我们每天才能比别人多做一点，最终比别人收获更多。我们要彻底放弃"再等一会儿"或者"明天再开始"的想法，遇到事情马上列出自己的行动计划，毫不犹豫立马去做！从现在就开始，着手去做自己一直在拖延的工作。当我们真正去开始做一件事情的时候就会发现，之前的拖延理由简直毫无必要，干着干着，我们就会喜欢上这项工作，而且还会为自己之前的拖延感到后悔。

在工作中，很多人觉得应该等到所有的条件都具备了之后再行动。可事实上，良好的条件是等不来的。等我们万事俱备的时候，别人或许早已领先我们 步，抵达成功的彼岸。所以，我们完全没必要等外部条件都完善了再开始工作，在现有的条件下，只要我们肯做，肯好好努力，同样可以把事情做好。而且，一旦行动起来，我们还可以创造许多有利的条件。哪怕只做了一点点，这一点点也能带动我们将事情做好。

有时候遇到事情要立马采取行动是很难的，尤其是面对令自己不愉快的工作或很复杂的工作时，我们常常不知道该从何下手。但是，不知道从何处下手并不能成为选择拖延和逃避的理由。如果工作的确很复杂，那我们可以先把工作分成几个小阶段，分别列在纸上，然后把每一阶段再细分为几个步骤，化整为零，一步一步来做，并保证每一步都可在短时间之内完成。如此一来，多大的任务也能迎刃而解。

常言道，唯有付出才能得到。一个人要得到多少，就必须先付出多少。

付出时越是慷慨，得到的回报就越丰厚；付出时越吝啬、越小气，得到的就越微薄。

在工作中，对于分外的事情，我们确实可以选择不做，没有人会因此怪罪于我们。但是如果我们做了，那显然就多了一个机会。要知道，天道酬勤，我们多付出的时间和精力并没有白白浪费，终有一天，命运会给予我们更为丰厚的回报。

我们只有多做一点，才能最大限度地展现自己的工作态度，最大限度地发挥出个人的天赋和才华，才能向大家证明自己比别人强。当我们将多做一些变成一种良好的习惯，并将其充分地贯彻在我们的工作中时，那么我们离成功就会越来越近。要知道，如果一个人能够勤奋努力，每天都比别人多做一点，尽心尽力去工作，处处为别人着想，那么这样的人必然能够做好一件事，久而久之，成功也会向他招手。

所以，如果我们想成功，那就多做一些吧。只有比别人多做一点，多想一些，并且一直坚持，我们才能创造不凡的业绩。只要我们坚持每天多做一点，就能从平凡走向卓越。

乔治是美国著名的出版家。他少年时，家境贫困，生活十分艰难。12岁那年，乔治经人介绍，在费城一家书店找了一份店员的工作。对于少年乔治来说，这份工作很重要，能够改善一家人的生活。所以，从上班第一天起，他就十分勤奋，自己的工作做完了，还要帮助老板处理其他事情。

有一天，老板对他说："没事你就可以早点回家。"

但是乔治却说："我想做一个有用的人，现在我手头上也没事做，就再让我做其他的事吧，我希望证明我自己。"

老板听了乔治的话，越来越赏识眼前这个小伙子了。

后来，由于工作勤奋，乔治很快就成为这家书店的经理。再后来，他又成为美国出版界的大佬。

无论做什么工作，我们都需要努力奋进，多思考、多学习、多努力、多干一些事情。要知道，比别人多干一些活儿，非但不会吃亏，反而能带我们走向成功。

所以，坚持每天多做一点吧，这样不仅能展示我们的实力和才华，还能让我们获得更多宝贵的财富。相信拥有这样的心态后，我们的工作一定会顺风又顺水，我们的前程一定会越来越光明。

一个成功的推销员曾用一句话总结他的经验："你要想比别人优秀，就必须坚持每天比别人多访问五个客户。"比别人多做一点，这种积极主动的行为，常常可以给一个人带来更多机会，也能使人从竞争中脱颖而出。

对一个人来说，做事是否积极主动，常常是于细微处见真情。在职场中，只要我们具备一种积极主动做事的心态，每天多努力一点、多付出一点，我们就能在工作中争取到更多的机会。不要怕多做事，你做的事情越多，你在企业中就越重要，你的地位就会越来越高。

俗话说，"能者多劳。"一个人做的多少，从另一方面来说，真的可以体现出能力的高低。当今社会不断发展，作为企业的员工，你的工作范围也应不断地扩大。不要逃避责任，少说或不说"这不是我应该做的事"，因为，如果你为企业多出一分力，那么你就多了一个发展的空间。如果你想取得一定的成绩，办法只有一个，那就是比别人做得更多。

在工作中比别人多做一点，不仅是一种智慧，还是走向成功的一条准则，更是一种不怕吃亏的勇气。只要我们在平凡的岗位上，坚持"每天多做一点"，终有一天会实现自己的人生价值，获得成功。

�֍ 自动自发，对工作尽职尽责

在现实世界里，幸福不会从天而降，成功也不会无缘而来。所有美好的东西，无不需要我们主动去争取。

卡耐基曾经说过："有两种人永远将一事无成，一种是除非别人要他去做，否则，绝不主动去做事的人；另一种则是即使别人要他去做，也做不好事的人。那些不需要别人催促就会主动去做应该做的事，而且不会半途而废的人必将成功。"不难发现，前两种人面对工作的心态皆是消极被动的，在他们看来，只要自己平时不迟到，不早退，把领导交代的工作完成了，就能心安理得地去领工资了。殊不知，对企业管理者而言，他们最需要的是能发扬主动精神，变"要我做"为"我要做"的人才。

要知道，如果一个人总是消极被动地去工作，那他是永远都无法获得成功的。反之，如果一个人能积极主动地开展自己的工作，成功就会离他越来越近。

兄弟三人在一家公司上班，但他们的薪水并不相同：老大的周薪是350美元，老二的周薪是250美元，老三的周薪只有200美元。父亲感到非常困惑，便向这家公司的老总询问为何兄弟三人的薪水不同。

老总没做过多的解释，只是说："我现在叫他们三个人做相同的事，你只要在旁边看着他们的表现，就可以得到答案了。"

老总先把老三叫来，吩咐道："现在请你去调查停泊在港口的船，船上皮毛的数量、价格和品质，你都要详细地记录下来，并尽快给我答复。"

老三将工作内容抄录下来之后，就离开了。五分钟后，他告诉老总，他已经用电话询问过了。他通过打电话就完成了他的任务。

老总又把老二叫来，并吩咐他做同一件事情。一个小时后，老二回到总经理办公室，一边擦汗一边解释说，他是坐公交车去的，并且将船上的货物数量、品质等详细报告出来。

老总再把老大找来，先将老二报告的内容告诉他，然后吩咐他去做详细调查。两个小时后，老大回到公司，除了向总经理做了更详尽的报告外，他还将船上最有商业价值的货物详细记录了下来，为了让总经理更了解情况，他还约了货主第二天早上10点到公司来一趟。回程中，他又到其他两三家皮毛公司询问了货物的品质和价格。

观察了三兄弟的工作表现后，父亲恍然大悟地说："再没有比他们的实际行动更能说明这一切的了。"

所谓的主动工作，其实就是在没有人要求我们做的情况下，我们依然能够自觉并出色地做好事情。毫无疑问，故事中的老大就是三兄弟中唯一做到了主动工作的人，面对工作，他的反应异常敏锐，头脑极其理智，积极主动地处理问题，想老板之所想，正因为如此，所以他的薪水是三兄弟中最高的。

我们要想在职场上获得成功，就必须改变自己在工作中"要我做"的消极心态，努力培养"我要做"的积极心态，比如主动为自己设定工作目标，主动思考和改进自己的工作方式，主动去开展自己的工作等。

总之，在平时的工作中，只有变"要我做"为"我要做"，我们才能让老板发现我们实际做得比我们原来承诺的更多，我们才会在职场上有更多的机会。如果我们对公司的发展前景漠不关心，总是被动地等待上级安排任务，那就等于将加薪和升迁的宝贵机会拱手让给他人。

小李在一家商店工作，她一直觉得自己工作很努力，因为她总能很快完成老板布置的任务。一天，老板让小李把顾客的购物款记录下来，小李很快就做完了，然后便与别的同事闲聊。

这时，老板走了过来，他扫视了一下周围，然后看了一眼小李，接着一言不发地开始整理那批已经订出去的货物，然后又把柜台和购物车清理干净。

这件事深深地触动了小李，她明白了一个人不仅要做好本职工作，还应该主动地去工作。从此以后，小李更加努力地工作，她由此学到了更多的东西，工作能力也突飞猛进，最终，小李成了这家商店的店长。

不难发现，在工作中秉持"我要做"观念的员工，更受青睐，更容易取得成功。从表面上看，他们似乎比其他员工付出得更多，但是，正因为如此，他们才能获得更多的学习机会、更多的发展机会。反过来说，有些人之所以在工作上止步不前，就是因为他们总是被动地完成上级交代的任务。

我们通过积极主动的工作，为企业做出应有的贡献；企业通过我们的工作获取应得的效益，给予我们报酬，同时，企业还是我们实现人生价值的平台。如果我们在工作中始终抱着消极被动的心态，那无异于在拿自己的前途开玩笑。

　　我们要学会调整自己的心态，努力变"要我做"为"我要做"，积极主动地去完成工作，唯有如此，我们才能在工作中不断地锻炼自己、充实自己、提高自己。

　　主动工作的人，往往对公司怀有感恩之心，责任心也很强，因为他们深刻地意识到， 只有主动肩负起自己的职责，才能在工作上有所作为。对工作负责， 是最重要的主动精神。身为员工，我们对待工作一定要积极进取， 不能总是被动地等待别人来告诉自己应该做什么，而是应该积极主动地去了解自己应该做什么、还能做什么、怎样才能做得更好，然后全力以赴地去完成。

✿ 付出忠诚收获信赖

　　忠诚的员工，因为怀有忠诚的态度，所以工作时不会偷懒。对他们而言，干工作的认真精神能让他们学到很多知识，而这些知识不是只对工作有利，对他们自己也有很大好处。他们的态度为公司创造了利益，为自己创造了比工资更宝贵的财富。相反，那些整天陷入尔虞我诈的复杂人际关系中，动不动就打公司主意的人，即使一时得到提升，取得一点成就，也终究不会长久，最终受到损害的还是他们自己。

虽然，表面上看，员工缺乏忠诚度，最直接受到损害的是公司，但从更深层次的角度看，对员工的伤害却是最大的。那些忠诚度极高的员工无论到什么地方都会获得老板的重视，所以他永远都是最终的受益者。

有一家销售家电产品的公司，由于老板经营不善而濒临倒闭。这个时候，公司的很多员工陆续离开了这家公司。但有一位员工，从公司有困难开始，自始至终都与老板同甘共苦。在公司无法发放工资的情况下，即使外面很多公司提出了高薪聘请他的想法，但他仍然没有选择离开。可惜，他无法改变公司的命运，公司最后还是倒闭了，但是他却在行业里赢得了非常好的口碑，以前的竞争对手纷纷向他抛出了橄榄枝。

最后，通过原来老板的推荐，他去了一家家电生产公司做了营销总监，实现了事业上的一个大跨越。

忠诚不是无条件的。带有感恩之心的忠诚，才是真正的忠诚，是经得住考验的忠诚。一个忠诚的人，即使遭遇苦难，他熠熠闪光的精神也会让他转危为安。相反，一个不忠诚的人，即使处于优势，也会因为品质的不专而引来祸患。所以，如果你是忠诚的人，即使一时没有利益可图，你的人格尊严和受人尊敬的地位也已经永久地保持了。你的成功会因为你的忠诚而指日可待。

AB 公司一直很重视自己公司员工的技能培训。一批员工经过几年的培训下来，就会成为公司里的得力骨干，有能力解决公司遇到的实际问题。

在 AB 公司刚进入中国的时候，一个分公司曾招了一批员工，并经过大力培训最终成为业务骨干。一时间，公司的订单不断，利润大增。分公司老板对这批骨干也是器重有加。他认为：只要我给你们的待遇好，还怕你们不好好干？

可是，好景不长，有些业务骨干做了几年业务下来，脑子就"活络"了，心想：手里有现成的客户群，如果把他们挖走，做 AB 公司产品的代理，自己单干，那一定比在这里打工有前途。

有了这种念头，其中一个业务骨干就开始偷偷地自己联系起业务来，为了给自己拉拢更多的客户，他给一些客户吃回扣。最严重的一次，他竟然在与外商谈判的时候在中间做手脚，结果导致分公司损失惨重。

消息传到 AB 公司总部后，高层下令把包括业务骨干在内的这批业务人员全部炒掉。这让分公司元气大伤，这个经历在分公司老板心中留下重创，阴影难消。

后来，他明确规定，在以后招聘员工时，一定要保证员工的忠诚度。哪怕他的知识水平差点，经验不足，都可以接受，因为这些都可以通过培训来弥补，但如果员工缺乏对公司的忠诚，即使他是天才，也要将其拒之门外。

没有一个老板会喜欢一个有异心的员工。无论你的能力多么优秀，无论你的智慧多么超群，如果你缺乏忠诚，那就没有任何人会放心地把重要的事情交给你去做，没有任何人会让你成为公司的核心力量。因为一个精明干练的员工，一旦生有异心，那么，他的能力发挥得越充分，可能对老板和公司利益的损害就越大。更多的时候，老板乐意提拔那些具有忠诚品质的员工，对那些三天两头喊着另寻高枝的人，则会毫不留情地"打入冷宫"。

忠诚不仅仅是个人品质的问题，更会关系到公司和组织的利益。忠诚有着其独特的道德价值，并蕴含着极大的经济价值和社会价值。一个忠诚的员工，能给他人以信赖感，让老板乐于接纳。在赢得老板信任的同时，他也容易为自己的职业生涯带来意想不到的好处。

在一家药品公司做首席研究员的陈新，在其业界非常有名气。由于想开始一项新药品的研究，但原公司的技术条件达不到实验的效果，他就离开了原公司，准备去一家实力更加雄厚的公司开展这项工作。

由于新公司与原公司业务相关，新公司的经理要求他透露一些以前他主持的一些开发项目，还有一些新的研发方向信息。陈新虽然很想进这家公司，但还是马上回绝了这个要求，没有回旋余地地说："对不起，我虽然离开了原来的公司，但我不能背叛它，现在和以后都是如此！"

第一次面试就这样不欢而散了。但是出人意料的是，就在陈新准备重新寻找新的公司时，却收到了被录用的通知。通知书上是这样说的："你被录用了，你的能力和才干大家都有目共睹，最重要的是，你有我们最需要的——忠诚！"陈新这才知道，那是新公司对他的考验。

从一定意义上说，忠诚于公司，就是忠诚于自己的事业。这种忠诚可以增强老板的成就感和自信心，可以增强团队的凝聚力，使公司更加兴旺发达。因此，许多老板在用人时，既要考察其能力，又要看重其个人品质，而个人品质最关键的就是忠诚度。一个忠诚的人十分难得，一个既忠诚又有能力的人更是难求。忠诚的人无论能力大小，老板都愿意给予重用，这样的人走到哪里都会有条条大路向他敞开。相反，能力再强，如果缺乏忠诚，也往往被人拒之门外。

不要试图欺骗自己的公司，更不能用公司的前途为自己换取利益。对于一个不惜出卖自己公司利益并从中获利的人，没有地方愿意容纳他。因为这样的人已经失去了自己最起码的道德，也是不值得信任的。对公司缺乏忠诚，最终害的是自己。而那些对公司忠诚的员工，不管走到哪里都会受到欢迎和器重。

忠诚的员工会帮助公司转危为安，不忠诚的员工会因为品行不端而让自己陷入尴尬的境地。如果你是一个忠诚的员工，即使你没有得到某些利益，你的人格和品德也会留在老板的心中。一旦机遇来临，你会因为自己的忠诚而很快成功。

只有当我们对公司产生知遇之恩后，我们才会对公司忠诚，因此，做一个忠诚的员工，先从拥有一颗感恩的心开始吧。

✿ 多为公司想一想

"工作，又是工作！破公司里事儿就是多！"这是许多人开始每天工作之前的第一个念头。他们经常抱怨公司规模如何小、在业界如何没名气、业务如何简单，而随着这些怨气一天天累积，问题也会一天天累积，最后，总是将自己的工作搞得一团糟。

这样的员工，内心只装着自己，从来不为公司考虑，他们总想着坐享其成，却不愿付出努力、为公司赢利。他们是目光短浅的人，他们没有看到公司的发展其实就是自己的发展，而公司的发展也必须靠员工的推动。

强生公司总裁詹姆士·伯克说过："没有公司的成功，就没有员工自我价值的实现：没有公司的发展，也就没有员工的发展。但是如果没有双赢，就没有企业的长盛不衰。员工成长是公司的动力，公司发展是员工成长的根基，只有共同成长才能实现双赢。"

"我靠公司生存，公司靠我发展。"一个员工能多为公司着想，不仅是实现自我价值的途径，也是现代社会的基本道德。因为公司是现代社会的构成细胞，每一位员工的工作，都会对整个社会产生影响。

一个阳光明媚的午后，威廉·贝内特走进了一家商店，想买一双短袜。他和一个少年店员进行了这样一次对话。

"我想买双短袜。"

"您是否知道您来到的是世界上最好的袜子店？"

少年眼睛闪着光芒，话语里含着激情，并迅速地从一个个货架上取出一只只盒子，把里面的袜子逐一展现在他的面前，请他赏鉴。

"这些怎么样？"

"等等，小伙子，我只买一双！"

"这我知道，"他说，"不过，我想让你看看这些袜子有多美、多棒，真是好看极了！"他脸上洋溢着庄严和神圣的喜悦。

威廉·贝内特诧异地望着少年，为他对工作如此自豪而感到惊喜。

一个人的态度直接决定了他的行为，决定了他对待工作是尽心尽力、还是敷衍了事，作为教育家的威廉·贝内特深知态度的重要性。最后，他忍不住对短袜店的少年店员认真地说："我的朋友，如果你能一直保持这种充满热情的工作态度，我敢保证不到10年，你会成为全美国的短袜大王。"

在任何一个岗位上谋其事，尽其职。一位心理学家这样批评现在的年轻人，说他们普遍患有四种"毛病"：第一，对人不感激；第二，对事不尽力；

第三，对物不珍惜；第四，对己不要求。

很显然，这些"毛病"都属于态度问题。态度是内心的一种潜在意志，是一个人的能力、意愿、想法、感情、价值观的外在表现。反观我们当前的教育，不管是家长还是老师，都普遍注重学生硬本领的投资，不看重软本领的培养，如孩子的意志力是否坚强，是否有积极的上进心等。殊不知，成功的人生除了需要出色的个人能力之外，更需要坚韧不拔的毅力，锐意进取的精神，敢于担当的责任意识，这一切都源于良好的态度。

朋友，当看到他人工作出色，请不要说："那是天分！"当你看到人家屡次升迁，请不要说："那是幸运。"当发现有人功成名就，请不要说："那是机缘。"你应该告诉自己：态度决定一切！你有一个什么样的态度，就会有一个什么样的未来！

比如，一个员工工作质量的好坏，将影响到整个公司的利润，从而影响自己和同事的收入，而这些又将影响自己和同事的家庭成员的生活水平，还有他们子女的教育。不仅如此，他的工作还影响到客户以及客户的家人、朋友等。透过这些连锁反应我们可以发现，看似渺小的一份工作，也影响和辐射数量庞大的人群乃至整个社会。

意识到工作的关联性和影响力，本田公司的创始人本田宗一郎先生创造了一套独特的用人之道，他主张从员工的角度去看待公司的作用，他在写给报纸的杂谈上这样阐述了员工与公司的关系："把劳动作为享受自己幸福生活的手段，不是为公司做牺牲，而是为了我们每个人更幸福的生活而劳动。公司应成为实现这一目标的场所。"

主动为公司着想的人，都是有着极强的进取心和成功欲望的人，而且他们都非常懂得如何把自己的成功欲望与现实结合起来。在他们眼里，没有什么所谓"公司的问题"与"我个人的问题"的区别。

他们也是积极的行动者，碰到公司出了麻烦，他们的第一反应不是"我怎么才能不惹祸上身""我得躲开这些麻烦"，而是去想办法改善现状。对他们来讲，首先考虑的永远是公司的发展，而不是自己的利害得失，这样的员工是最受公司欢迎的人。

✵ 把工作当成自己的事业

对于一个懂得感恩的员工来说，我们不仅要把工作当成一种职业，更要把它当成一种事业。如果你只把工作当作一件差事，或者只把目光停留在工作本身，那么即使从事你最喜欢的工作，也无法持久地充满激情地工作。但如果你把工作当作自己的一项事业，情况就完全不同了。

在很多人的眼里，工作就是安身立命的资本。一旦有了一份稳定的工作，往往就意味着从此有了安身立命之处。然而，如果我们仅仅把工作当成谋生的工具，那么，我们就可能会把工作当成苦役，即使从事的是自己喜欢的工作，仍然无法持久地保持工作的热情。

如果我们把工作当成自己的事业来看待，情况就完全不同了。由于有了目标和追求，我们就会有良好的精神状态和不竭的动力，就会在工作中充满热情，最终做出一番成就来。把工作当自己的事业的人，才能够以积极的心态对待自己的工作，而不会觉得工作只是自己谋生的一种手段，是自己不得已而为之的事。

两个人从同一扇窗子往外看，一个看到的是满地的泥泞，一个看到的是满天的繁星。这说明对同一件事情的态度，并不完全取决于事情的本身，还在于人的主观能动性。

也就是说，当我们充满热情地去工作，并将它当作自己追求的事业时，我们工作起来就会心情舒畅，事半功倍，就可能有所建树；反之，当我们以消极的态度去工作，一点儿热情都没有时，我们工作起来就会索然无味，就很难有所作为。

很多年前，一群修铁路的工人在忙碌着。他们都很劳累，然而，当他们想到每天有 11 美元的工资时，他们就咬牙坚持着。很多年后，当这群工人中的大多数仍然在忙碌时，忽然来了一辆豪华客车，有一个人从窗户伸出头来跟大家打招呼："嗨！我的朋友们！你们好吗？"大家抬头观望，原来是他们若干年前的同事约翰。

约翰现在已经是一家铁路公司的总裁了，他被老朋友们包围起来，大家问这问那，其中一个问道："我的朋友，我真的很奇怪，你是和我们同一天开始修铁路的，为什么你能当上总裁，而我们还在做同样的工作呢？"

约翰笑了，他说："我的朋友，我并没有什么特别的地方，如果说有，那就是我从开始就在想着为整个铁路公司而工作，而你们大概只为了每天 11 美元的工资而工作吧。"

从这个故事可以看到，一个人能否走上成功之路，关键要看他是否把工作当成事业来做。很显然，如果一个人工作仅仅是为了糊口，就不可能激发他丝毫的工作热情，而没有工作热情，又怎么可能在工作上有所成就呢？

台塑集团创始人王永庆先生说过："一个人把工作当成是职业，他会全力应付；一个人把工作当成是事业，他会全力以赴。"不难发现，平庸者和卓越者的差别其实就在于此。

前者在工作中只会感到艰辛、枯燥、乏味、倦怠，久而久之，就会失去工作的热情，就会变得越来越没有理想，最后平平庸庸；后者则会在工作中激发出无尽的热情，自己的潜能也会得到最大程度的发挥，最后在不懈的努力下，取得非凡的成就。

所以，身为员工，我们一定要学会把工作当成自己的事业，多一点事业心，带着满腔的热情去主动工作，只有这样，我们才能在职场上取得成功。

工作给我们提供了成就事业的机会，没有工作，便不可能有事业。一个人只有将工作当事业，才能倾注自己全部的热情，才会不惜付出一切，才有可能取得事业的成功。工作意味着去参与、去思考、去创造，我们的事业就是在这一系列有意义的活动中成就的。当我们成功地完成某件工作时，会发现自己的才华、价值也得到了体现。对于愿意为自己的事业献身的人来说，工作不是一种负担，而是一种乐趣，是生活中不可缺少的组成部分，因为我们只有在工作中才能充分发挥自己的才能，实现自身的价值。

把工作当成事业，则没有干不好的工作。懂得感恩，热爱自己的工作，成就自己的事业，追求最大的人生乐趣，使我们最终无愧于社会，无愧于企业，无愧于家庭，无愧于自己。

第五章

积极面对，带着感恩的心去工作

✱ 带着正能量去完成工作

"正能量"的意思是"积极的能量"或"正向的能量"。它原本是一个物理学的概念，后来引申为一切给予人向上和希望，促使人不断追求，让生活变得圆满幸福的动力和感情。正能量存在我们的生活工作中，不管我们从事何种工作，正能量都是我们所渴望的。

只有带着正能量工作的人，才是企业最需要的人。在日复一日的工作中，很多人的热情都会被消耗殆尽，失去了激情，失去了方向，时间开始让你躁动的神经变得麻木，这时，我们就要寻找正能量，重新燃起斗志。只有当工作中处处充满激情，充满正能量，我们的工作才能做得开心，做得成功。

李旭从事服务业多年，每天与退休的老同志打交道，工作平凡、琐碎繁杂，有时还难免会受些委屈。这样日复一日紧张忙碌的工作，曾一度消退了李旭的工作热情。然而，当李旭停下工作，环顾四周，却发现办公室的同事们都在兢兢业业、默默无闻地工作：有人在认真核对报表数据，有人在一丝不苟地整理档案，还有即将退休的老员工仍在一如既往、踏踏实实地工作着。他们用自己的行动向李旭传递着踏实、勤奋的"正能量"。

就是这个默默无闻、求实敬业的集体，培养了李旭勤奋踏实的工作态度和坚韧沉静的性格，也培养了李旭对工作由衷的热爱。

工作就是人生的价值、人生的欢乐，也是幸福之所在。努力进取、甘于奉献，是工作中激发正能量的法宝。如何才能使自己在工作中充满正能量，可以从以下几点出发。

第一，建立信心。

自信心犹如跷跷板两端的平衡点，一端承载着累积的成功经验，另一端则是负面经验。如果跷跷板在负面经验端已负荷过重，正面经验发挥的力量也相对有限。

简单地说，你要在正面经验端上增加重量，才能在负面经验出现时，抵消其带来的不良影响，不让跷跷板往负面端倾斜。

第二，正面思考。

思考方式能左右一个人的心态，也就是说，你可以通过改变思考方式来转换心态。举例来说，被指派一项任务时，你可能刚开始会感到非常担忧，一旦接受，相信这是最好的安排时，你就能较快摆脱担忧的情绪。

正面思考带来的成功经验越多，越能让你相信正面思考的力量。

第三，聪明面对压力。

压力容易让人失控，"给自己压力去面对压力"才能有效克服这个问题。如何看待压力？很简单，与其把情况看得很糟，不如思考怎么做才能有效改善这种现状。

第四，非好事不想、非好话不听、非好话不说。

试着想象一下自己如何一步步完成目标，将成功带来的感受及之后可能发生的影响。模拟当面向老板要求升迁时有多顺利、你的演讲有多精彩，你自然而然就觉得自己已做足准备。比起胆小、恐惧，以这种心态来处理事情比较可能出现正面的结果。

在工作中，我们会面临着诸多的不如意，觉得自己工作累、压力大等，这时我们要理性面对，多给自己一点自信，一点正能量，始终保持激情，以乐观的态度去面对工作。

积极向上、健康生活，是精神世界释放正能量的源泉。在工作中以正能量的态度去面对每一个问题，做每一件事情，我们的工作才能在快乐中进行，才能得以更好地完成！

✽ 在竞争与合作中共同进步

在与同事共事的过程中，与同事发生竞争是不可避免的。因此，同事之间的关系，准确地定义应该是"竞合关系"——既竞争又合作。正确处理与同事之间的竞合关系，才能够做到不偏不倚。要知道，竞合关系并非单纯的利益相争，而是各自能力的体现。抓住与同事共事的机会，让同事了解自己、接受自己，使自己成为同事最信任的朋友。

一个人若没有朋友固然可悲，但若没有对手，也会很孤独。只有有了对手，我们才有危机感，才会有竞争力。正因为有了对手的存在，才使我们不得不发愤图强，不得不推陈出新，不得不锐意改革，不敢懈怠，否则，我们就只能等着被社会淘汰。

由于同事之间存在竞争，他们自然成为你的竞争对手，所以有很多人都会把同事视为心腹大患，恨不得除之而后快。其实，只要反过来仔细想想，你便会发现能拥有一个强劲的对手，对自己来说并不是一件坏事，正因为有这样强劲对手的存在，你才有逼自己积极进取的力量。一个强劲的对手会让你时刻有危机感，会激发你更加旺盛的精神和斗志，所以，不妨善待你的对手，让自己在与之竞争的过程中，变得更加强大。

有竞争就会存在压力，有压力并非坏事。不要抱怨竞争对手给你的压力，而要敢于竞争，敢于胜利。工作中出现竞争对手，多一些压力才会让我们能够更好地完成工作，才能使我们一次次取得更大的进步。

同事之间不是单纯的竞争关系而是竞合关系。竞争是现代社会普遍的现象，合作也是一个人或企业发展的广泛要求，更为明智地处理竞争与合作的关系是大势所趋。竞争中有合作，合作中有竞争，竞争与合作是统一的。和谐的同事关系，让你和周围同事的工作和生活都会变得更简单，更快乐，更有效率。

在职场，要记住一句话：功劳是大家的，责任是自己的。有荣誉一定要和同事们分享，而不要一人独享。即使你凭一己之力得来的成果，也不可独占功劳。一个人独享成果，会引起其他同事的反感，容易给下次的合作造成障碍。

现代社会是一个充满竞争的社会。当我们踏入工作岗位，我们面临的就是同事之间的竞争。竞争的结果无非有两种，一种是它可以让你变得更优秀；另一种或者是你不适应这种竞争，最终被淘汰出局。对于一个刚参加工作的人来说，也许对公司的一切都一无所知，这就需要你去发现，去了解周围的同事。同时，周围的人也在注视着你，这是肯定的，要想立足，首先就是要用竞争的姿态去适应工作环境。但是，不要因为竞争而丧失良好的印象，这需要你有个良好的尺度去把握。

每个人都希望自己与荣誉和成功联系在一起。但是，如果你无视别人，就很难在职场立足。因此，不要抱怨上司、同事和下属肚量小。其实，造成最后这种局面的根源还是在于你自己。在享受荣耀的同时，不要忽略别人的感受。其实每个人都认为别人的成功中总有自己奉献的一分力量。美国有个家庭日用品公司，几年来生产发展迅速，利润以每年 10% ～ 15% 的速度增长。这是因为公司建立了利润分享制度，把每年所赚的利润，按规定的比例分配给每一个员工，这就是说，公司赚得越多，员工也就分得越多。员工明白了"水涨船高"的道理，人人奋勇， 个个争先，积极生产自不用说，还随时随地地检查出产品的缺点与毛病，主动加以改进和创新。职场的基本原则就是要与同事合作，有福同享，有难共当。当你在职场上小有成就时，当然值得高兴。但是你要明白：这一成绩的取得是集体的功劳，离不开同事的帮助，你不能独占功劳。

高高的悬崖有一串熟透了的果子，但太陡峭了，仅靠一只猴子的力量是无法摘到果子的。但聪明的猴子们就会想办法，一个踩着一个的肩膀搭起了"猴梯"。最后，最上面的猴子摘到了果子。如果摘到果子的猴子忘记自己之所以能摘到果子，完全是集体团结合作的结果，独自在悬崖上大嚼起来，丝毫不理会下面的猴子。下面的猴子就会很生气，撤去了"猴梯"，最上面的猴子吃完了所有的果子后，却找不到下来的路。

要知道，那一串果子是通过团队的力量获得的，而最上面的那只猴子却独占了集体的劳动果实，不肯同别人分享。从短期看，最上面的一只猴子占到了便宜——它自己吃到了所有的果实。但是从长远看，它占到了很小的便宜，却付出了极大的代价。这也说明了，独占易引起纷争，不懂得分享就不能成功。

谁在今天独享荣耀，明天就会独吞苦果！因为他独享那份荣耀的同时，是在威胁别人的生存空间，因为他的荣耀会让别人变得黯淡，让别人产生一种不安全感。而假若他愿意拿出来与人共享，则可以换来同事们的尊重与友好。

❋ 积极应对工作中的难题

在现实生活和工作中，每个人都会遇到各种各样的难题，甚至面临失败。我们应该如何面对这些难题？是灰心丧气，悲观绝望，沉沦下去，还是积极面对，寻找出路？我们先来看看下面这个小故事，也许能给我们一些很好的启示。

有一天，农夫的一头驴不小心掉进了枯井。农夫绞尽脑汁想救出驴子，但几个小时过去了，农夫还是没有想到好办法，驴子还在井里痛苦地哀号。最后农夫想反正驴子年纪也大了，他决定放弃。于是他请了些人往井里填土，想把驴子埋了，以免它还要忍受一段时间的痛苦。一帮人七手八脚地往井里填土。然而，当驴子明白了自己的处境后，刚开始哭得很凄惨，但过了一会儿驴子安静了下来。

农夫好奇地探头往井里看，却看到了一幅令他大吃一惊的景象：当铲进井里的土落在驴子背上时，驴子马上将泥土抖落一旁，然后很快地站到泥土上！就这样，驴子坚持将铲到它身上的土全部抖落到井底，始终都站在泥土的上面。最后，在众人的欢呼声中，驴子终于出现在井口，只见它抖落了身上最后的泥土，欢快地跳了出来。

本来是要活埋驴子的举动，却由于驴子的积极应对，反而助它摆脱了困境。其实，我们在生活、工作中所遭遇的种种困难和挫折，也是加诸我们身上的泥土，只要我们积极应对，锲而不舍地抖落身上的泥土，然后再站上去，它们便能成为我们的垫脚之物，助我们走出困境。

爱迪生曾说过："在困难面前，只有放弃的人才是真正的失败者。"漫画家郑辛遥也曾在一幅耐人寻味的漫画上写道："若能把绊脚石变成垫脚石，你就是生活的强者。"的确，在前进的道路中没有人会一直一帆风顺，不论他做什么，如果经受不了挫折和失败的打击，从此一蹶不振，那就再也没有翻身的机会了。

遭遇难题并不可怕，可怕的是因难题而对自己的能力产生怀疑。事实上，逆境比顺境更能激发我们的斗志，发掘我们的潜能。一个人能力的大小，只有在经受了各种各样的考验之后才能被证实。难题也是我们必须经受的考验。

职场中，每个人都不可避免地要遇到这样或那样的难题。然而，有的人被难题毁灭了，有的人却因积极应对难题从而成就了自己。遭遇挫折或经历失败并非坏事，正如英国著名的小说家、剧作家柯鲁德·史密斯所说："对于我们来说，最大的荣幸就是每个人都失败过。而且，都在跌倒的地方重新爬起来了。"意志坚强的人总是能积极地、乐观地面对一切难题。只有这样，才能以冷静的头脑去思考、去应对，才能找到摆脱困境的出路。艰难险阻是成为埋没我们的后土，还是成为我们通向成功的阶梯，全看我们是否具备积极应对难题的决心和勇气。

杜邦是一位年过六旬的老人。他是一名石油开采者，他一生中打的井多半是枯井。可是他依然走向了成功，成为身价超过五亿美元的富翁。杜邦回忆说："当年我被学校开除后，就跑到得克萨斯的油田找了一份工作。随着经验逐渐丰富，我便想当一名独立的石油勘探者。那时候，每当我手里有钱了，我就自己租赁设备，做石油勘探。在两年时间里，我一共开采了将近 30 口井，但全部都是枯井。当时，我真的是失望极了，但是我没有放弃。"那时的杜邦陷入了困境，都快 40 岁了依然一无所获。但是，他就像他自己所回忆的那样，没有被困境吓倒，反而更加勤奋努力。他研读各种与石油开采有关的书籍，掌握了丰富的理论知识。他决定卷土重来，进行石油开采。这一次他遇到的不再是枯井，而是冒油的油井。

困境是人生中不可避免的。有的人成功了，是因为他们能够坚强地面对难题；而有的人失败了，是因为他们在困境面前一蹶不振。困境中的磨难是上天赐予我们的恩惠，所谓"失败乃成功之母"指的是逆境更能使人坚强。只有战胜了难题的勇者，才能经得起风吹雨打的考验。无论我们面临什么样的难题，都应该像松下幸之助所说的那样："面对挫折不要失望，要拿出勇气来！扎扎实实地、勇敢坚强地向既定的目标前进。"

"不经历风雨，怎能见彩虹"，任何一种本领的获得都要经历艰苦的磨炼；"梅花香自苦寒来，宝剑锋从磨砺出"，任何投机取巧或妄图减少奋斗而达到目的的做法都是"揠苗助长"，都是愚蠢的行为。

世界上没有人终生一帆风顺，任何一个人都不会一直生活在顺境之中。苦难的逆境，使庸者变得卑琐乖戾，使强者变得坚韧聪慧。一个装着香水的无口之瓶，只有打碎它才会散出幽远的馨香；一块朴拙的顽石，只有经过雕琢，才会成为完美的艺术品。在心理上它可能会留下一道道创伤的疤痕，但在成长中，困境馈赠我们以珍贵记忆，一次次地演练、一次次地成功。

❀ 努力进取，自动自发

成功是没有捷径的，成功是一步一个脚印走出来的。成功需要我们长年累月的行动，需要我们不断的付出。

成功者通常会主动去工作。他们在别人还没起床的时候，已经起床开始工作了；在别人还在休息的时候，他们已经完成了工作；在别人走了一里路的时候，他们已经走完了两里路；在别人仅仅读了一本书的时候，他们已经读完了两本书；别人工作8小时，他们会工作10小时。这就是成功的人，他们时刻都在付出着。当成功的人超越了别人之后，他们就给自己制定下一个目标，超越自己。今天他们拜访了15个顾客，那么，明天他们会争取拜访 16 个，甚至更多。今天读了一小时书，明天他们会抽出更多的时间来读书。在他们觉得累了的时候，想得不是休息一下，而是再多做一点，再多走一步。这也是他们能够成功的原因！

美国有一个非常著名的汽车推销员，连续好几年都是公司排名第一的推销高手。在每天回到家的时候，他总会认真读一遍自己在书桌前面贴的一句话"今天你还需要再卖一台车才能回家睡觉"。读完之后，他便会利用休息时间出去找客户。而他的这种进取精神也给他带来了巨大的成功。

但人终究是有惰性的，在实际工作中，很多人根本就不愿意多做一点、多付出一点，他们希望明天多睡一会儿懒觉，他们少做一点工作，多休息一会儿。但总是有这样的想法，又怎么会获得成功呢？如果一个人，每天都希望多休息一会儿、少做一点事情，那么，慢慢地他就会形成这样的习惯，最终会让让他陷入平庸。而那些多做一点点，多付出一点点的人才更容易成功。成功与失败实际上就是差了那么一点，你想要成功，就必须主动付出，主动争取。率先主动是非常难得的一种品质。

尤其是那些初入职场的员工。积极的员工可以更加敏捷，做事的效率会更高。不管你是管理者，还是普通职员，只要你能积极主动付出，你就一定可以在竞争中脱颖而出。

其实，努力与付出从来都是一种收获。每天早到公司 10 分钟，不要觉得吃亏了。实际上，领导都知道，他们会觉得你非常重视这份工作。在你每天提前到公司的那一会儿，对自己的工作做一个大致的规划，当别人还在考虑今天应该做什么工作的时候，你已经在工作了。下班的时候晚一点走，把你今天所做的事情做个总结。这样一来，你的工作会更加条理清晰，效率也更高。

如果你能够比分内的工作做得更多，那么不仅可以彰显你的勤奋美德，同时也可以提升你的工作能力，让你具有更加强大的生存力量，可以更加轻松地走向成功。"我虽然经常缺勤，但是我有能力。"不要觉得你这样说，领导就会看重你。你再有才能，但是你不认真工作，不积极主动为公司做事，领导也不会聘用你。

有一个年轻人非常有才能，他在一家文化公司工作，业绩突出。但是，他有一个坏毛病，就是常常缺勤，有的时候甚至不和领导打招呼就自己去办个人的私事了。他虽然在公司工作了两年多，但是却一直没有升职加薪。本来他的升职机会非常多，但就因为这个毛病，领导每次都将他排除在升职人员的名单外。领导不是不给员工请假，无论是谁，难免会生病，或者遇到其他的事要处理。但是，对于一个经常擅自离开岗位的员工，谁又敢让他们负重任呢？这也就是他为什么升不了职的原因了。

再有能力的员工，假如他总是推托工作，常常不在岗位上，那么，他的才能也不会得到很大的发挥。这样的员工又怎么能够给企业带来利润呢？有才华不仅需要展示，同时也需要更多地运用，需要将你的才华发挥出去。所以说，不要觉得缺勤、不在岗没有关系，时间长了，对公司的影响会非常大。

对一个员工来说，多付出一点和少付出一点的差别在短时间内可能看不出来，但天长日久，就可以看出一个员工的优秀与平庸。对那些积极主动的员工来说，他们是不会轻易缺勤请假的，他们只会认真完成工作，多做一点工作。积极主动的员工，会努力把握自己的人生，从而更好地掌握主动权。为自己的公司负责，也是为自己负责。

积极主动的人，通常会与人交流自己的想法和意见，并且，自愿承担一些公司的额外工作。他们会找到自己的长处，他们更了解自己喜欢的工作。并且积极主动的人更有自信，他们懂得不断地激励自己，让自己获得更多的成长机会。

任何一个人身上都有没被开发出来的潜能。那些积极主动的人，通常会让自己隐藏的潜能激发出来，他们知道自己的未来，知道如何去工作，他们也就更加容易获得事业上的成功。我们需要在日常的工作中主动进取，不管什么时候都实干。在一个企业中，假如每个人都能够主动实干，那么，他们就会构成一种力量，让企业得到更快的发展，获得更多的利润。

✿ 态度就是你的竞争力

工作态度决定工作结果。一个工作态度积极的员工，对他而言，无论做什么工作，工作都是神圣的，一定会尽心尽力地去做，哪怕工作能力有限，他也会释放出自己最大的潜能，全力以赴地去实现自己的最大价值，获得结果。如果一个员工，面对工作的时候总是保持着悲观消极的态度，那么他的工作就会成为负担，越来越压抑他，即使他有很强的能力，也很难在工作中获得成绩。

态度是无形的，不能看到，更不能摸到，只能用心去体会，用意念去感受，但是他绝对不是虚无的。和那些可以看到的能力相比，它更加重要，也更加强大。在工作中存在着很多这样的员工，他们依仗自己的能力和资力，工作态度非常散漫，心态浮躁。这样的员工很难走到最后，只能留下遗憾。

对初入职场的人来说，高手如云，那些既能保持良好的工作心态，又拥有一定能力的人，是很难得的人才，这样的员工，不仅能在困难中保持稳定的心态，而且也会在成功时不骄不躁。任何时候都能拥有一颗平和的心，在工作中不断提高自己。

一家著名公司的一名经理经常对自己的员工说："能力不分大小，态度决定一切，工作能力再强，如果做事的态度不端正，也很难做好自己的工作。"他经常要求自己的手下做工作的时候必须先端正态度，再去做事。这种做法让他领导的团队，总是在第一时间完成最难的任务，也能在最艰难的环境中做出工作成绩。

员工的心态决定态度，工作态度决定职业生涯的成功与失败。对所有员工来说，能力都可以通过工作的实际锻炼得到提升，只要在工作中态度认真，不断学习，不断提高，能力都可以在实践中提高。态度则需要员工自己的身心修养，提高自身素质，才能获得更多的气度，更宽广的胸怀，来面对遇到的困难和挫折。只有正确对待这些，调整好心态，才能收获事业上的成功。

林海是一名医学专业研究生，研究生毕业后，应聘到一家著名的医药公司工作。公司的领导让他到生产部门工作，他非常不满意。但是在家人的劝说下，他还是去上班了。

刚入职的时候，他还可以忍受医药生产线上的工作，而且做得比较用心。后来，很多员工知道了他是研究生毕业，他感到自尊心受到了伤害，心态很不平衡。他觉得自己拥有研究生学历却要每天在车间里打杂，这是对人才的浪费，也是对自己的侮辱，这些简单的工作自己还不如随便做做。这样想，他的心态稍有平衡，开始整天拿着手机上网、聊天、刷微博，当遇到同事来找他工作的时候，他也会显得很不耐烦，甚至态度恶劣，常与人发生争吵。

一年后，一起来到车间锻炼的另一个员工，他是从一个普通的医学院毕业的，学历和能力都不如林海，但是被调到公司与一所大学合作的研究项目组工作，林海却依旧留在生产部门工作。他很不服气，去找领导理论。

领导看到他心浮气躁，语重心长地对他说："你是研究生毕业，而且在学校里面成绩优秀，各方面的条件都不错。当初公司招你过来，想要重点培养，所以把你放到基层去锻炼，让你熟悉基层工作，以便以后做好研究工作。公司里面很多有成就的专家都是这样走过来的。可是没想到，你不仅没有珍惜这次锻炼的机会，而且工作表现很差，甚至违反公司的规章制度，经常和员工发生争吵，这样的工作态度怎么能够提升自己，又如何担得起更重的责任呢？"

林海听到领导的话后，并没有醒悟，还争辩："你没有事先说清楚，我怎么知道这是锻炼？而且公司付出高额的代价和成本来考验一个人才，这种做法会白白浪费我的时间和精力，我来公司就是为了做研究，如果公司从刚开始就让我进入研究岗位，我肯定会为公司做出很大的贡献。"

领导听到他的辩解，更加失望，无奈地对他说："你怎么会这样想呢？一个人即使有能力，但是工作态度不端正，工作迟早也是会出现问题，如果你是这种思想，我们也不想挽留你。公司已经给过你机会，你却不知悔改，看来你并不适合我们这里的工作，你还是另谋高就吧。"

林海这时候才知道了事情的严重性，心里非常后悔，急忙向领导表示自己没有要离开公司的意思，希望领导再给自己一次机会。但是领导非常坚定地拒绝了。

林海是个有能力有学历的人，如果他能够懂得摆正工作态度，认真工作就一定会前途无量。但是，他自视才高，虽有能力，却对工作充满了抵触情绪和怀疑态度，没有将工作岗位的制度和纪律放在眼里，在工作中放任自己，和员工发生争吵，和领导交流也不思悔改，这种做事态度是极不负责任的，做人也是极端偏执的。最终，他只能失去工作机会，在职场中失败。

好的工作态度是做好工作的前提，一定的工作能力是做好工作的保证，工作态度体现的是一个员工的道德和修养，表现出来的也是员工的素质。一个人无论有多强的能力，多高的学问，如果不能够端正工作态度，就很难提升自己的能力。所以，工作态度是提高工作能力的前提和保证。

一个人对待周围的人和事的态度，就会表现出他这个人的本质。他值不值得别人信任和尊重，能不能够被别人认可和接受，这些都取决于他的态度。有能力固然可以获取别人的信服，但如果自命不凡，就会失去别人对你的尊重。

工作总是属于那些具有良好的工作态度，又拥有一定工作能力的员工。你必须转变自己的思想和认识，必须培养自己的敬业精神，尊重自己的工作，恪尽职守，以良好的工作态度对待工作，努力去提高自己的水平，成为一个综合素质较高的优秀员工。

对所有员工来讲，工作都不应该只是谋生的手段，而更是使命。当你用心工作，忠于职守，将工作成为一种习惯，不管从事什么工作，都把工作作为事业来对待。即使在最平凡的工作岗位上，也要不断地去提升自己的工作能力，在公司提供的平台上发展自己，成就自己，要学会以一种坦然的态度来享受事业的发展。

✳ 养成笃行务实的好习惯

认认真真地去做工作中的每一件事，养成良好的工作习惯。如果想有好的工作成绩，认真踏实是每一个职场人必须具备的习惯，也是实现自己人生目标、实现事业成就的重要因素。

我们经常会发现，周围有很多人对待工作不愿意认真做事，而常常把自己的精力放在小聪明上，而不是去培养自己的能力。

在工作中是不可以有虚假行为的，工作的时间投入在哪里是可以从结果中看出来的。应该脚踏实地地去执行和行动，不要在工作中耍小聪明，否则只会害了自己。

认真地去做自己的工作，不要浪费工作时间，踏踏实实，兢兢业业。从最基础的工作做起，寻找自己的缺点，不断完善和提高自己。

每个人都有自己的梦想，这是值得赞扬的事情，但想一夜成名、一夜暴富，这种想法是绝对不可取的。工作中有很多人自命清高，看不起周围的一切，不愿意做基础的工作，他们永远不可能进步。直到有一天，别人已经遥遥领先取得了成就和收获，他们才会发现自己的一无所有，才会明白不是上天没有给他们机会，而是因为他们自己的不努力，才与机会失之交臂。如果想要进步，想要发展，想要提高，就要学会降低自己的要求和欲望，踏踏实实地从最底层、最平凡的工作做起，这样才能做出自己的成绩，实现事业的成功。

不同员工对待工作的态度不同。对于同一件事，那些只是为了赚钱而工作的人，是在应付自己的工作，被动地去履行自己的工作职责。而对那些把工作作为自己的使命的人来讲，工作意味着自己的责任和梦想。所以，他们对待工作特别认真。

李强从乡下来到城里的一家工厂应聘工作，工厂的经理在面试时觉得他能力有限，并没有选择录取他。他感到很失落，孤身一人离开了工厂，但是他已经身无分文，天也马上就要黑了，他没有安身之地。于是又硬着头皮回来，问工厂能不能给他随便找一个地方住一晚。

经理的助理随口说了一声工厂后面的仓库可以将就住人，于是他晚上就住在仓库里面休息。深夜的时候，突然天降暴雨，他爬起来一看，外面的空地上放着很多货物。他连想都没想，找到了仓库里面的帐篷，然后冲到雨里去盖这些货物。忙完这些，他浑身都被淋透了。

第二天清晨，经理慌慌张张地带着人过来，看到货物都被盖得严严实实的，感到很吃惊。他问李强，你在面试的时候已经被淘汰了，根本不是我们工厂的人，你怎么会想到在晚上冒着大雨帮我们盖上这些价值百万元的货物呢？

李强诚恳地说："在我们乡下，晚上下雨的时候都会到外面看看有没有谁家的粮食没有盖好。虽然我不是工厂里的人，但我觉得是应该做的。"

经理随即决定当场录用他，因为他务实的态度，善良的内心。

那些对工作十分敬业的员工，他们十分喜欢自己所做的工作，把自己的工作视为自己的事业，当在工作中面对困难和挫折时，也会有强大的勇气和信心来面对，因为他们明白工作不仅仅是为了赚钱，更重要的是实现自己人生的价值。

如果一个员工能够把自己的工作当成自己的人生事业来做，他会离成功越来越近。可惜的是，在职场中大多数员工做不到这一点，他们总是认为自己的努力就是为了领导和公司干活，自己的付出只不过是为了得到一些工资来养家糊口。因此，他们在工作中总是抱着应付的态度敷衍了事。

职场上的每一个人都应该树立正确的态度，对自己的工作负责，任何时候都努力认真，对得起自己的良心。要多为公司着想，为集体着想。其实，在一个企业最失败的就是那些只想着自己工资，对其他不管不顾的人。那些为了金钱而工作的人，永远不会在工作中找到乐趣，更不会对工作产生激情，他们对待工作的态度总是敷衍了事，这样的员工不可能会有出色的成绩，更不会受到上司的欣赏和提拔，人生也很可能会失败。

奎尔是一家汽车修理厂的修理工，从进厂第一天起，他就开始喋喋不休地抱怨：修理这活儿太脏了，没本事的人才干这样的活。一天到晚累个半死，浑身上下没一处干净地方，真是丢死人了。

如此，奎尔每天都在这种抱怨和不满的心情中度过。他认为自己的工作是一份很低等的工作，只是日复一日地在为一点儿可怜的工资出卖苦力。因此，他便慢慢地开始消极怠工，当同他一起进厂的同事将眼光盯着师傅手上的"活儿"时，他却窥视着师傅的眼神和举动，稍有空隙便偷懒耍滑，应付手中的工作。

几年过去了，当时同他一起进厂的三个工友，各自凭着自己的手艺和工作的劲头，或升职做了他的上司，或另谋高就有了自己的事业，或被公司送进学校去进修。只有他，仍然在抱怨声中做着他自己蔑视的修理工。

像奎尔这种鄙视自己工作的人，都是一些被动工作的员工，他们不是去努力改变自己来适应环境，而是总天真地以为自己是怀才不遇，总认为自己应该有更光明的前途。实际上，每一个员工都应该把自己作为企业的主人，每个员工的分工不同，职责不同，角色不同，但有着共同的目标和使命，所以都应该把各自的工作做好。

不管从事什么样的工作，如果你想要获得成功，那么请尊重自己，也尊重自己的工作。如果你在工作中以应付的态度来对待工作，那么你就是在应付自己，是在浪费自己的生命。

虽然我们大多数人都是在为别人打工，但这个过程，实际上是在为我们自己的未来拼搏、努力。你认真地对待工作，工作也会给你回报。职场上流传着这样一段话，今天的成绩是昨天的积累，而明天的成功则依赖于今天的努力。所以，我们应该学会把自己的工作和自己的事业联系起来。

一个人若想把自己的工作做到最好，除了尽心尽力，实在没有更好的办法。企业想要在竞争的市场中站稳，就要使自己的每个职员都做到职业化。对个人而言，就要让自己做到最好，让自己成为老板最看重的员工。员工将自己的工作高度职业化，把工作做到最好，就一定能做到企业职业化，企业也一定会做得最好。

做一个解决问题的高手

我们每天都要碰到各种各样的问题，有大问题、小问题；有急问题，也有缓问题。但是，所有的问题都有一个共同点：需要你去解决。你可能会说，这不是废话吗？这的确不是废话，因为有很多人都认识不到这一点。

如何将问题解决得更好呢？心理学家通过四个有趣的实验，告诉你四种方法。

动机的强弱。事实表明，在动机的强弱和解决问题的成效之间存在着一种曲线关系。

心理学家勃尔奇做了这样一个实验：高处放着香蕉，猩猩身旁有一根竹竿，只有利用竹竿才可取到香蕉。

实验的结果表明：在猩猩受饿不到6小时的时候，由于取食的驱动力（即动机）太弱，它的注意力很容易被各种不相干的因素分散；可是，当它受饿超过24小时后，又由于取食的驱动力过强，而把注意力过分紧张地集中于食物这个目标，因而忽视了解决问题的各种必要条件，同样取不到食物；只有在受饿6到24小时之间，由于驱力强度适中，它们的行为才是灵活的，注意力也不会被分散，很快取到了食物。

同理，对于人来说，如果解决问题时积极性不高，或者急于求成，都不会获得成功。古语所谓"事在人为"和"欲速则不达"，说的就是这个道理。

启示和联想。心理学家姜德生做过一个双索问题的实验：天花板上悬着两根绳子，但二者的距离太远，任何人抓住一根就无法抓到另一根，要求实验者把两根绳结在一起。解决这个问题的办法之一，是在一根绳头上系一个物体，使之像钟摆一样摆动，等它摇向另一根绳时，你可以同时抓住两根绳。姜德生让两组人在解决这个问题前，分别识记一些不同的单词。一组人识记的词有"绳索""摆动""钟摆"等；另一组识记的词则完全同双索问题无关。然后让两组去解决问题。结果发现，第一组总比第二组更迅速地解决了问题。显然，第一组从识记的单词中受到了启示。

从这一角度来说，善于解决问题的人也就是善于随时随地受到启示或进行联想的人。

习惯的影响。心理学家卢青斯设计了一个"水罐"实验。这个实验有两类，第一类是：有三个罐子，第一个能容 21 千克水，第二个能容 127 千克水，第三个能容 3 千克水，问如何用这三个罐子量出 100 千克水？解决的办法是：把水灌满第二罐，接着从第二罐中减出第一罐所能容的水量，然后再减出两个第三罐的水量，所剩即为 100 千克。公式为：100 千克＝Ⅱ－Ⅰ－2Ⅲ。

这个实验的第二类是：有三个罐子，第一个能容水 23 千克，第二个能容水 49 千克，第三个能容水 3 千克，问如何能用这三个罐量出 20 千克水。这个问题很简单，按照公式，只要：20 千克＝Ⅰ－Ⅲ就能解决。当然，用第一类实验的公式也行，但要麻烦得多。

卢青斯把参加实验的人分为两组，第一组解决了五个第一类型的问题；再解决五个第二类型的问题，第二组直接解决五个第二类型的问题。结果是：第一组解决了第一类型的问题后，普遍形成了用长公式的习惯，有81%的人继续用长公式去解决第二类的五个问题。而第二组的绝大多数都直接按照短公式去解决了。

可见，一定的心理习惯在解决问题中往往会阻碍更合理、更有效的思路。

功能的局限。人们对一件物品往往只看到它的通常功能，而看不到它的其他功能，因而影响人们充分利用物品去有效地解决问题，这在心理学中叫作"功能固着"。

心理学家亚丹姆生在他主持的实验中，要求被试者把三支蜡烛垂直地固定于一架竖直木屏上。发给他们的材料是：三支蜡烛、三个纸盒、火柴和一些图钉。解决这个问题的正确办法是：点燃一支蜡烛，在每个纸盒外滴一滴蜡油，将三支蜡烛固定于纸盒上，然后再用图钉把纸盒按垂直位置固定在木屏上。

实验者被分为两组：第一组领到的材料是摆在纸盒外的，即每一件材料都是单独的；第二组是把蜡、火柴和图钉分别装在三个纸盒内交给他们。

实验的结果是：第一组有86%的人解决了问题，而第二组却仅有41%的人解决了问题。究其原因，第二组的人只是把纸盒看作容器，而没有想到它的其他功用。

西红柿早就被人们发现，但长期被当作观赏植物，而未被食用，除了盲目的恐惧心理外，也是功能固着的作用限制着人们。日常生活中的这种例子很多，当你遇到问题一筹莫展，而突然听到一个新奇的办法时，不是也常常恍然大悟地一抬头说："哎！我真笨，怎么就没想到……"

问题一旦出现了，就有解决它的方法，当遇到的问题多了，你便会发现许多问题解决的方法都有相似之处，这是一个积累的过程。

在遇到问题时，首先最重要的一点就是要树立信心，告诉自己，我一定能解决，这种心灵的自我暗示和激励是成功人士的必备品质。

紧接着就是要搞清楚：为什么会出现这个问题，是哪里没有做好，静下来整理一下思绪，此时，切勿着急，更忌心烦意乱。

问题出处一旦找到，就应想想曾经是否出现过这样的问题，是客观原因造成的，还是因为自己的疏忽，或是哪一步走错了，千万不要一棵树上吊死，更不要因为一时没方向就垂头丧气。

造成问题的原因找到后，就应立即着手搜集相关资料想解决问题的办法，当然，办法是越多越好，虽然不是全都用上，但选择面广，思维也会开阔许多，也便于你将几种方法互相参照，提高效率。

方法想得差不多后，并不意味着你就知道如何解决了，你还需要做一些尝试，尝试一些看起来最有效的方法，多走几条路，但要切记，不要每一条路都去走，这会浪费你很多宝贵的时间，只选最可行的几条，这也会增强你的信心。

试过几种方法后，你就要思考，哪种方法是最合适的，哪条路是捷径，一旦选中，就要全身心地投入，一步一步地走，既然已选择，就不要还心存疑惑，决断力也是成功者必备的素质之一，做事果断，不要犹豫，成功就在不远处。

这个流程若你能熟练把握，你就不会再惧怕困难。

在人生的道路上还会有许多的艰难困苦，还会有许多我们想不出来的障碍，在此，只是想说，解决问题的方法有许多，无论问题是小是大，只要沉下心来，你就一定有办法。

每一个成功的人都不会逃避问题，他们往往将解决问题视作自身能力提高的阶梯，每消灭一个困难就是向上走了一层，这不仅是一种锻炼，而且渐渐地，在不知不觉中就走向了成功的巅峰。不要忘了，逃避问题，就是逃避成功。

第六章

与人为善，感恩你身边的每个人

✽ 感恩于领导的知遇之恩

一台落满了尘土的钢琴同众多的东西一起被随意地扔在一个市场的一角，没有人留意到它与其他东西的不同。人们经过时常常会绕着它走，怕蹭上灰尘，这样的日子一天天重复着。它经历了风吹、雨淋、日晒，变得更加肮脏，更没有人注意到它的存在了。

"这个东西没用了，它最适合的去处是乡下的灶膛！"

"把它当柴烧火算了！"

听着别人的议论，那架破旧的钢琴只能蜷缩得更紧。

一天，市场里来了一位老人。他慢慢走近那个庞然大物，前后仔细地看了几遍，然后，用袖子拭去尘土，并掏出工具，调试了一番，这时，一台锃亮的钢琴呈现在了大家面前，老人搬来把椅子，坐在那里屏息了一会儿，骤然间，悠扬、铿锵的琴声从老人的指缝间流淌出来。围观的人们越聚越多，大家不仅赞叹老人的琴艺，更多的是称赞原来它是一架好钢琴！

"真是一架好钢琴啊！"

这时，那些曾经漠视它的人们对它充满了好感，都认为它是一个价值连城的好东西，人们叹息着，并向老人详细地询问那架钢琴的来历——那个昔日里风吹日晒雨淋的"脏"东西，顿时身价倍增。

我们随时都可能成为那架钢琴，但若没有识琴的那个老人，我们注定要遭遇更多的困难和坎坷，其实这位老人，就是我们工作中的领导！

如果我们能够在职业生涯道路上刚刚迈出脚步的时候，遇到一位"伯乐"领导，会是一件十分幸运的事情。领导的赏识和信任，会使我们受益终身。同样，面对领导的知遇之恩我们更应感恩终身。

吕波是一位"海归"，也是海信数字芯片研发团队的成员之一。当年，他在互联网上给海信公司发去一份自己的应聘材料。没想到，海信公司很快便回了信，并且告诉他，海信的发展过程中急需像他这样的人才。一句信任的话，让吕波热血沸腾，一个已经初步搭好的平台让吕波感到自己可以在海信这个舞台上大显身手。

于是，吕波来到了海信集团，来到上海，担负起海信数字芯片的研发重任。多少个不眠之夜，多少次面红耳赤的争执讨论，而在项目组最困难的时候，他和团队里的许多人想到了散伙，想到了大不了再到国外去工作。公司里也有一些人在指指点点，因为项目组存在的价值就是做"信芯"，如果"信芯"开发不出来，一切都将重归于零。

就在关键时刻，海信总裁周厚健站了出来。他说："作为我来讲，从来没有因为问题的存在而失去信心。我们那个时候要做的是填补技术上的空白，但是我们只要下决心投入做这项事情，无论在操作的过程中出现多少问题，我们都不会轻易放弃！"老总的一席话，温暖了吕波的心，让他感受到了公司管理层高度的信任和支持，给他注射了一支强心剂，使得他的团队士气倍增。在以后的日子里，吕渡和他的团队立下军令状，寻找更多的解决方案，建立更加详细的讨论文档。仅仅用了三周的时间，就获得了成功。

设想一下，如果没有周厚健鲜明的态度，力排众议并鼎力支持，这个研发团队的年轻人就会在一片非议声中，像霜打的茄子一样，彻底委顿下去，成功也许就永远和他们无缘了。

许多成功人士的经历证明，领导的重用能使他们的成长如虎添翼。遇到一位敢于和善于有效授权的领导，可以使我们在工作的实践中得到更多的锻炼和提高。

闫华是个很有才华的人。1997年，他从清华大学毕业后，来到深圳华为公司工作。刚从学校毕业的他，初生牛犊不怕虎，经过收集资料和实际的市场调研，他给华为老总任正非写了一封《万里奔华为》的信，提出了华为存在的问题和发展的建议。任正非读完后称其为"一个会思考并热爱华为的人"，当即决定提升他为部门副经理。

可以说，因为闫华的认真工作——心系华为的老总任正非大胆授权并重用闫华，最终成就了今天的闫华。

也许我们现在是员工，可有一天，我们有可能成为领导。但不管怎样，我们在成长过程中的点点滴滴都离不开领导的赏识和信任。为此，我们应该对我们的领导感恩终身。

✿ 感恩于同事的支持和帮助

"一个篱笆三个桩，一个好汉三个帮"，在当今合作共"赢"的时代，只有依靠团队才能制胜。企业的经营之路不会一帆风顺，遇到困难和危机是在所难免的，拥有坚实的团队基础，才是克服困难、永续经营的保障。

在非洲丛林中，是什么原因让号称"丛林之王"的狮子长期处于饥饿状态呢？答案就是狮子捕猎的时候都是独来独往，而丛林里另一种食肉动物——鬣狗，则是成群活动。大的鬣狗群有数百只，小的也有几十只，它们很少自己猎食，而是等狮子把猎物杀死以后，就从这个丛林之王的嘴里抢食！

虽然单个的鬣狗对于强大的狮子来说根本不值得一提，可是成群的鬣狗团结起来却能让这个丛林之王却步。争夺的结果，往往是狮子在旁边看鬣狗"分享"自己辛苦狩猎的成果，"强大"的狮子只能等到鬣狗吃完之后捡一些残羹冷炙果腹，这样的状况下，狮子能不长期处于饥饿的状态吗？

当今企业中也同样存在像狮子一样的人，他们能力超群、才华横溢，自以为比任何人都强，连走路的时候眼睛都往天上看，他们藐视职场规则，对同事的任何意见不屑一顾，甚至连上司的意见也置若罔闻，在以团队合作为主的企业里，他们几乎找不到一个可以合作的同事和朋友，这样的人，最终只能像狮子一样处于饥饿之中。

在美丽的海岸线上，有几只螃蟹从海里游到了岸边，其中一只也许是想到岸上接触一下水族以外的世界，于是它努力地往堤岸上爬。可无论它怎样执着努力，也始终爬不到岸上。不是因为这只螃蟹选择的路线不对，也不是因为它行动迟缓，而是它的同伴们不希望它爬上去。每当那只螃蟹爬离水面，就要上岸的时候，其他的螃蟹就会劝说它并拖住它的后腿，让它重新回到海里。

在南美洲的草原上，山坡上的草丛突然起火。无数蚂蚁被熊熊大火包围住了，大火的包围圈越来越小，蚂蚁无处可退、无路可走。就在这时出现了令人惊叹的一幕：蚂蚁们迅速聚拢起来，紧紧地抱成一团，很快就滚成一个黑乎乎的大蚁球，蚁球滚动着冲向火海。在噼里啪啦的响声中，一些居于火球外围的蚂蚁被烧死了，但更多的蚂蚁绝处逢生。

这并不是两个杜撰的故事，而是发生在自然界的真实现象。我们可以据此描绘出两种心理。一，害人终害己。螃蟹团队毫无感恩可言，相互拖后腿、相互提防甚至相互憎恶，最终一事无成。二，舍身终取义。蚂蚁是一个懂得感恩的团队，勇于牺牲小我，危难之际奋勇向前，所以生生不息。

杰克是一家营销公司中数一数二的营销员。他所在的部门，曾经因为团队协作的精神十分出众，而使每一个人的业务成绩都特别突出。

后来，这种和谐而又融洽的合作氛围被杰克破坏了。

当时，公司的高层把一项重要的项目安排给杰克所在的部门，杰克的主管反复斟酌考虑，犹豫不决，最终没有拿出一个可行的工作方案。杰克则认为自己对这个项目有八九成的把握。为了表现自己，他没有与主管磋商，更没有贡献出自己的方案，而是越过主管，直接向总经理说明自己愿意承担这项任务，并提出了可行性方案。

他的这种做法，严重地伤害了主管，破坏了团队精神。结果，当总经理安排他与主管共同操作这个项目时，两个人在工作上不能达成一致意见，产生了重大的分歧，导致了团队内部出现分裂，团队精神涣散了。项目最终在他们手中流产了。

在工作中，我们要善于与每个团体成员进行有效的沟通，并保持密切的合作。切记，不要丢弃了自己团队工作的荣誉感，不要为求个人的表现，打乱了团队工作的秩序。这样，才能够保证团队工作的精神不被破坏，从而也不会对自己的职业生涯造成致命的伤害。

团队精神在一个企业、一个人的职业发展中都是不容忽视的。因此，我们必须学会感激自己的同事，感谢同事无私的帮助，加强与同事间的合作，做一名能够担当责任的好"搭档"，如此，才能共同打造一支优秀的团队，才能实现我们的人生价值。

同时，懂得知恩图报、懂得感恩的人，才可能得到别人源源不断的关心和帮助。抛开这种合作共赢的关系，朝夕相处的同事之间，也有一份亲情和友谊。所以，感恩那些关心或帮助过我们的同事吧，因为他们的风雨同舟，才能使我们散发出更多的智慧和更大的力量。

❀ 感恩于家人的奉献和关爱

家庭是幸福、温馨的港湾。

有一句耳熟能详的名言："每一位成功男人的背后都有一位伟大的女人。"其实，这句话反过来说也同样成立。

任何人，无论男人还是女人，要想取得事业上的成功和辉煌，都离不开其人生伴侣和亲人的支持，家庭是一个人事业发展最坚强的后盾。可能是因为关系太过亲密，以至于很多人把亲人数十年如一日的默默付出当作理所当然，以至于他们感谢天、感谢地、感谢素不相识的陌生人，却从没有对住在同一屋檐下的亲人说过一句"谢谢"，这是一件十分让人遗憾的事。

其实，不是亲情越来越薄，不是生活越来越淡，而是我们一直漠视在自己身边辛苦付出的人……大多数的时候，一个小小的举动就可以表达谢意，给身边的人带来喜悦及希望。

也许，对方并不期待回馈或报答，但这并不表示受惠的人就可以因此而忽略对方的付出。长期辜负别人的付出，其实是自己的损失。没有道谢，就无法体会彼此的好意在互动之间是多么的幸福，也很可能因而无法再继续得到对方的恩惠。

　　著名画家吴冠中的三个孩子全都由夫人抚养长大，包括上学和生活安排，吴冠中一点都没有插手，他在一心一意地搞绘画。他的夫人也是绘画天才，却为了吴冠中放弃了艺术追求。直到脑血栓病愈后看到吴冠中作画，也会颤巍巍地递上一杯水。吴冠中在法国举办个人画展一举成名。夫人对吴冠中说："你可真不容易！"吴冠中也感慨万千地对夫人说："你也是的！"这就是夫妻之间相濡以沫四十余载的感恩。

　　我们不单要把爱人当成亲人来迁就，更要把爱人当成朋友一样来相处。当看到爱人为我们付出的努力时，我们不应熟视无睹，而应该真诚地对他说一声："谢谢，谢谢你一直以来无怨无悔地付出……"

　　曾有权威媒体调查家庭生活在职业白领心中占有的位置，结果表明，在所有被调查者中，有 59% 的人认为，每天能够与家人共进晚餐是非常重要的，有 78% 的被调查者非常讨厌因为工作而影响了与亲人团聚的机会。这说明，随着社会的进步，家庭的位置已经越来越重要，亲情的重要性日益凸显。

　　一位著名的企业家在一次公众演讲时曾经无比感慨地说，他之所以走到今天，成了一个所谓的成功人士，离不开妻子儿女的支持。"他们不仅给了我家的温暖，更是我成就事业不可缺少的动力。"

　　一位优秀的经理人在他的微博上写道："别人都说男人一定要有了小孩才会安定，我一直不敢苟同，一直以为自己是能超然于家庭之外的人。现在看来，那些想法真的太幼稚了。每次看见妻子和孩子的照片，心里总是暖暖的！作为男人，特别是对于现在的我来说，很感激我的妻子和孩子，因为每次工作有压力的时候，心情不好的时候，只要看到他们，就感觉一阵宁静与安详！这就是家人能给我而别人代替不了的'爱'——一份死心踏地的爱。"

其实我们每天都沐浴在家人的爱之中，我们只有用一颗感恩的心、用感恩的真实行动来关心家人、呵护家人。感恩爱人给我们希望，感恩家人给我们梦想，感恩家人给我们温暖，感恩家人给我们关爱，感恩家人给我们浪漫，感恩家人给我们坚强，感恩家人给我们帮助，感恩家人给我们动力，感恩家人给我们快乐。

的确，没有家庭，即使我们拥有亿万财富，也只是物质上的富足，不会有长久的幸福和成功！

❀ 感恩于朋友的关怀和支持

自身的努力拼搏是一个人走向成功的重要因素，但是如果在你前进时没有人为你摇旗呐喊，摔倒时没有人伸手将你扶起，孤军奋战的你一定会被痛苦压倒，被孤独打败。所以，人生在世，拥有朋友的日子是幸福的，我们应当对朋友的关怀、支持、援助心怀感恩。

"岁寒知松柏，患难见真情""路遥知马力，日久见人心"的朋友让你永远都有一种坚实的依靠，他们不仅愿意与你同尝甘甜，而且能够和你共担苦难，甚至以生命来践行对你的承诺。

一天，有两位很要好的朋友在沙漠中迷失了方向，面临死亡。这时天神出现了："我的孩子，前面一棵树上有两个果子，吃下大的那个，就能抗拒死亡，走出沙漠；而小的那个，只能令你苟延残喘，最终会痛苦地死去。"

两个朋友向前走了一段路，果然发现了一棵树，也发现了树上的两个果子。可是，他们谁也不去碰那个会给一个人带来生命之光的果子。夜深了，两个好朋友深情地凝望着对方，他们都相信，这是他们的最后一晚。

当太阳从沙漠的一端再次升起的时候，其中一个朋友醒过来，他发现，朋友走了，而树上只剩下了一个干巴巴的小果子。他失望了，不是因为死亡，而是因为朋友的背叛。他悲愤地吃下了这个果子，继续向前方走去。大约走了一个多小时，他看见了倒在地上的朋友，已经停止了呼吸，可是在朋友的手里紧紧握着一个更小的果子。

"把生的希望留给朋友，把死的恐惧留给自己"。我们不能单单只用"伟大"这两个字来表达内心的感受，使朋友的生命得到延续，这种友情已经达到了一种极致。

在现实生活中，朋友常常是我们日常生活中的伙伴，工作及事业上的推动者。

大学毕业后的迈克开始找工作。当时的情况下大学毕业生还不多，他以为可以找到最好的工作，结果却徒劳无功。迈克的父亲是位记者，他认识一些政商界的重要人物。

这些重要人物之中有一个叫查理·沃德的人。他是布朗比格罗公司的董事长，他的公司是全世界最大的月历卡片制造公司。四年前，沃德因税务问题而服刑。迈克的父亲觉得沃德的逃税一案有些没有揭露的真相，于是赴监狱采访沃德，写了一些公正的报道。沃德看着那些文章，他几乎落泪了。最后在迈克父亲的努力下查理·沃德很快出狱了。出狱后，沃德问迈克的父亲是否有儿子。

"有一个，在上大学。"迈克的父亲说。

"什么时候毕业？"沃德问。

"他刚毕业，正在找工作。"

"噢，那刚好，如果他愿意的话，叫他来找我。"沃德说。

最后，查理·沃德为了感谢迈克父亲的援助，非常用心地对迈克进行培养。事实上，迈克得到的不只是一份薪水和福利非常好的工作，更是他的一份事业。在30年后，迈克成为全美著名信封公司的老板。

很多年后，迈克还经常说："感谢沃德，是他给了我工作，是他创造了我的事业。"

感恩朋友，因为他可能在我们人生道路上的关键之处起到推动作用。即使并非如此，朋友的言行也是我们的一面镜子，可以暴露我们的缺点，让我们认识自己的才能，反省自己的言行。感恩朋友、善待朋友，便是给自己架设了一座通往未来的桥梁，同时也是为自己构筑了一个幸福的舞台。

❈ 感恩于客户的抱怨和选择

"客户是上帝""客户永远是对的"。工作中,我们只有满足了客户提出的要求,客户才可能会选择我们,我们才会得到发展和进步。所以,我们应该感恩客户的抱怨和选择。因为客户的抱怨就是帮助我们改进工作最好的建议。

厨师海伦在纽约郊外著名的卡瑞月湖度假村工作。

周末的一天,海伦正忙碌时,服务生端着一个盘子走进厨房对她说:"有位客人点了这道'油炸马铃薯',他抱怨切得太厚。"

海伦看了一下盘子,跟以往的并没有什么不同,但还是按客人的要求将马铃薯切薄了些,重做了一份请服务生送去。

几分钟后,服务生端着盘子气呼呼地走回厨房,对海伦说:"我想那位挑剔的客人一定是生意上遭遇了困难,然后将气借着马铃薯发泄在我身上,他对我发了顿牢骚,还是嫌切得太厚。"

海伦在忙碌的厨房中也很生气,从没见过这样的客人!但她还是忍住气,静下心来,耐着性子将马铃薯切成更薄的片状,之后放入油锅中炸成诱人的金黄色,捞起放入盘子后,又在上面撒了些盐,然后请服务生再送过去。

没过多久，服务生仍是端着盘子走进厨房，但这回盘子里空无一物。服务生对海伦说："客人满意极了，餐厅的其他客人也都赞不绝口，他们要再来几份。"

这道薄薄的油炸马铃薯从此成了海伦的招牌菜，并发展成各种口味。而且在今天已经是地球上不分地域人们都喜爱的休闲零食。

海伦的成功，关键在于她在面对批评的时候，不是满腹牢骚抱怨别人，而是能忍住怨气做好自己的工作，一次一次地改进，让顾客满意。这不仅满足了顾客，同时也成就了海伦的事业。

一名好员工所具备的素质就是当有人对自己的工作不满意时，不是去抱怨别人，而是积极努力地完善自己的工作。如果我们每天都带着一颗感恩的心去面对客户，那么我们在工作时的心情也一定是积极而愉快的。带着这样的心情投入工作，最终我们一定会取得成功。

多问问自己："我做得怎么样？"这不仅仅是一种对客户感恩的表现，同时也可以使我们自己得到不断的提高。其实，这是一种双赢的策略。

时常怀有感恩之心，我们就会变得谦和。每天提醒自己，为自己能有幸得到这份工作而感恩，为自己能遇到这样一位客户而感恩。

时下，面对琳琅满目的商品，消费者的选择余地大了。同一类商品，消费者有可能选择 A，也有可能选择 B，选择谁，谁就有可能在最终竞争中获胜。长期或永远不被消费者认可的商品，最终只能出局！

客户是上帝！客户选择我们，我们就成功了！如果客户选择了他人，我们只能关门大吉！

的确，如果代理商都不支持我们的产品、不代理我们的产品，仓库积压，产品滞留，企业只能关门；如果销售商都不支持我们的产品、不积极推销我们的产品，商品滞留货架，企业从哪儿盈利；如果消费者选择了别人的产品，而不是我们的产品，最终我们就会失败。

这种合作是双赢的，客户选择了我们，我们就成功了！

感恩吧，感恩客户的抱怨和选择，是客户让我们永远成功！

感谢生命中的每一个人

感恩是一种美德，感恩的心一定要时时保持，它不仅让你关怀一沙一石、一草一枝，还会让你缓解无形的压力，克制不满的欲望，抚平争斗之心。

懂得感恩，是收获幸福的源泉。懂得感恩，你会发现原来自己周围的一切是那样美好。懂得感恩是获得幸福的源泉。一个人如果常怀一颗感恩的心，那么，他就会感觉到生活是幸福的，并且随时能品尝到幸福的滋味，如此一来，他就会更加珍惜生活中的一切，就会觉得人生无比美好。

懂得感恩是一种具有爱心的表现。在生活中，如果我们每个人都不忘感恩，人与人之间的关系就会变得更加和谐、更加亲近，我们自身也会因为感恩心理的存在而变得更加健康、更加快乐。人懂得付出，懂得爱他人，懂得爱这个世界，就会懂得报恩、感恩。

在生活中的每一刻，我们都要尽量去感恩。我们要感恩父母的养育之恩，感恩老师的教育之恩，感恩朋友的关怀之恩，感恩我们赖以生存的环境：阳光、大地、空气，感恩所有使我们能够有成就的人。我们还要感谢伤害我们的人，是他们使我们变得更加成熟；感谢欺骗我们的人，是他们让我们增长了见识，提高了心智；感谢斥责我们的人，是他们让我们增长了智慧。感恩会让我们心中的太阳越来越明亮，所以，我们要以感恩的心来面对每一个人、每一件事，这样我们将生活得更加快乐、自由、幸福！

有人可能会说："我不太容易对他人产生感激之情。"你不感激他人的帮助，他人也不会感激你的帮助，如此一来这个社会就不会和谐，人与人之间就会变得冷漠。西方哲人说："当一个人意识到是信念、梦想和希望使他生活中的一切成为可能的时候，他越伟大，同时就会越谦逊。任何一个人为自己的成就感到骄傲时，就让他想一想他从前从别人那里得到的一切，因为，是他们的信念帮助他校正了生活的方向，他最好的奋斗目标就是去实现他们的信念。"

当然，感激之情不是自动就会有的，而是需要经过我们的努力不断培养起来的。换言之，在我们奋斗的过程中，我们不要只顾"埋头拉车"，也要"抬头看路"。要经常想想谁帮助了自己，谁鼓励了自己，如果我们做到了感恩，我们心中的爱就会越来越多；但如果把感恩抛诸脑后，我们的生活就会越来越封闭，心也会越来越狭隘。

我们要学会感恩和知足，只有这样，我们才能感受到爱，才能努力去奉献爱，我们也才会真正快乐起来。

人生短暂，好好珍惜身边的人和事吧，好好善待身边的人和事吧，好好把握身边的人和事吧！让自己的修养在潜移默化之中得到提升！

人到底拥有多少幸福和快乐，取决于人到底付出了多少爱。不论人取得了多么巨大的物质成就，如果这些成就不能有助于社会的繁荣和发展，那么，这些巨大的成就最终不会给人类带来幸福。

在生活中的每一刻，我们都要尽量去感恩。生命旅途中，除了领导、同事、家人、朋友、客户外，我们还要感谢其他很多人。

我们要感谢陌生的路人，虽然他们不是你的亲人、师长、爱人，但是，你会在不经意间，和他们在某一段生命的路途上相伴而行。你们可以聊聊天，可以解解闷，可以在遇到坎坷不平时互相搀扶着艰难前进，可以在需要跋山涉水时携手拼搏，并肩前行。他们不会陪你走完人生的全部路程，但他们陪你走过的路不论是平淡无奇还是扣人心弦，都会在你生命中留下或浅或深的印痕。

一个疲惫的行路人躺在路边睡着了。一条毒蛇从草丛里钻了出来，爬向他。毒蛇昂头吐出鲜红的信子，就在这时，一个过路人经过这里，打死了那条毒蛇，但没有惊醒行路人的好梦，就悄悄走开了。

行路人永远也不会知道他熟睡时发生的这件事，但他一生都生活在别人的恩泽中。

李浩一家住在一楼。在一个夏天的某个晚上，他回家后偶然发现自己家阳台的灯亮着，他以为是妻子忘了关，就准备去关灯，但妻子把他拦住了。他很奇怪，妻子就指着窗外让他看。窗外的路边有一辆装满废品的三轮车，车上坐着捡废品的夫妇，他们正沐浴在从阳台投下的温暖灯光中，一边说笑，一边开心地吃着东西。看着灯光中的那对夫妇，李浩与妻子相视一笑，悄悄退出了阳台。

窗外那对夫妇可能永远也不会知道，在这陌生的城市中，有一盏灯是特意为他们点亮的。

用感恩的心为你身边的陌生人点亮一盏灯吧，因为我们每个人都在不知不觉间沐浴着他人给予的光明。

感恩是生活中最大的智慧。常怀感恩之心，我们便会更加感激和怀念那些有恩于我们却不求回报的每一个人。正是因为他们的存在，我们才有了今天的幸福和喜悦。常怀感恩之心，便会以给予别人更多的帮助和鼓励为最大的快乐，便能对落难或者绝处求生的人们爱心融融地伸出援助之手，而且不求回报。

常怀感恩之心，对别人、对环境就会少一分挑剔，而多一分欣赏。感恩之心使我们为自己的过错或罪行发自内心地忏悔，并主动接受应有的惩罚；感恩之心又足以稀释我们心中狭隘的积怨和仇恨，感恩之心还可以帮助我们度过最大的痛苦和灾难。常怀感恩之心，我们会逐渐原谅那些曾和我们有积怨甚至深深伤害过我们的人。常怀感恩之心，我们便能生活在一个温暖的世界里。

感恩我们生命中的每一个人吧，我们的生命中不能没有感恩，每个人的一生都需要无数的人支持与帮助，正是那千千万万不图回报的人，成就了我们生命的精彩。因此，让我们保持一颗感恩的心，感谢我们生命中的每一个人。

第七章

知足惜福，感恩会让工作更快乐

✿ 学会感恩才能懂得爱

人生在世一个永恒的话题就是怎样才能幸福快乐地工作。

在有些人看来，工作的目的就是要付出最小的努力，获得最大的物质利益，是为了生存不得不进行的一种交换。所以，他们对手头的工作敷衍了事，随时准备跳槽，追求更高的薪水和更轻松的工作环境。也有一些人没有跳槽的打算，想在目前工作的公司继续发展，但他们却为了一己私利，比如高薪水、高职位，采用一些不正当的竞争手段，贪他人之功据为己有，甚至不惜采取卑劣的手段陷害同事。

虽然今天科技最大限度地解放了人们的肢体，但人们却感受不到心灵的充实，甚至一些人性深处的劣根性正在延展，比如懒惰、嫉妒、偏见……

上述种种，都使我们对工作产生了一种消极的态度，感受不到工作的丝毫乐趣。而这种现象正在蔓延，大有发展成为一种社会病的趋势。

国外一家报纸曾举办过一次有奖征答，题目是《谁在这个世界上最快乐》，从数以万计的答案中评选出的四个最佳答案是：

作品刚完成，悠闲地吹着口哨欣赏自己作品的艺术家；

正在筑沙堡的儿童；

忙碌了一天，正在为婴儿洗澡的妈妈；

经过了千辛万苦的手术之后，终于拯救了一名重病患者的医生。

其实，这四个答案表达的是同一个主题——"工作着的人最快乐"！或者可以更准确地表达为：正从事着自己喜爱的工作的人最快乐！

要懂得品味工作带给你的快乐。堵在路上的时候，很多司机抱怨，又堵车了！真是倒霉。此时我们不妨换一种思维：用心体会一下这个城市的美，你就会发现外面有很多漂亮、帅气、朝气蓬勃的年轻人经过，还有非常现代的高楼大厦，虽然每一项工作都具备我们不可改变的客观性，但是我们不能否认"世界本不缺少美，只是缺少发现美的眼睛"。让我们带着快乐去寻找那美丽的地方，并体会这种美丽吧。"的哥"说自己愿意做一个快乐的车夫。快乐地工作着，因为有了工作而快乐，因为快乐而更加积极地工作。

"乐在工作"是简单的四个字，但能由衷地领悟它且能在工作中心生喜悦地"享受"它却不是一件容易的事。

工作对你而言意味着什么，是一份维持生活的薪水，还是一份成就自己人生的事业？

每个人在做一件事情的时候，都是在满足自己的欲望和需求。那么作为一名公司的员工，你是出于哪种需求与欲望，去完成自己的工作呢？

人的一生中，可以没有很大的名望，也可以没有很多的财富，但绝不可以没有工作的乐趣。

快乐源于良好的心态。学会快乐地工作，就是学会发掘自己蕴藏着的内在活力、热情和巨大的创造力，就是学会享受每一天的幸福。如果说良好的心态是前提，适当的压力是促进，工作业绩是激励，那么快乐的工作就应该是贯穿始终的主旋律。没有好的心情，很难谈得上工作效率与成绩。有时我们感叹自己的工作平淡乏味，有时觉得自己的工作琐碎繁重……其实，这一切的一切只是缘于自己的心态，只要愿意怀着感恩的心，愉快地投入工作，那么你就可以体验到平凡与精彩、烦恼与快乐、腐朽与神奇原来是如此容易转换，会发现启迪自己力量和智慧、给予自己灵感和快乐的东西，原来离自己那么近——有一颗感恩的心就可以。

❋ 找到工作的乐趣

人生不可能离开工作，人的一生中大部分时间都需要在工作中度过。工作不仅是为了赚钱，更重要的是我们需要在工作中实现自己的价值。所以，不应该简单地将工作视为赚钱的工具，我们要学会在工作中寻找快乐，只有这样才会在工作的时候学会享受，在这样的状态下，工作也会变得简单，因为工作成为快乐和幸福的事情。工作为我们的生命增加了乐趣。

一位著名的作家说过："人生的乐趣隐含在工作之中。"但是，实际生活中，越来越多的人在抱怨自己的工作，他们的工作不是自己喜欢的，也不是自己大学里学习的专业，感觉自己学到的知识没有用处，抱怨自己是英雄无用武之地。如果你总认为自己的工作不能和自己的兴趣相结合，那你肯定就不会享受自己的工作。你在工作中也是煎熬。所以，不管自己对工作是否满意，都不应该对自己的工作抱怨。就算你必须做些自己不喜欢的工作，也要寻找欢乐，学会用积极的态度去对待工作，这样你就会有收获。

在美国佛罗里达州桑福德市一个安静的小镇上，有一名厨师叫马克·鲍勃，他的烹饪水平一直不错，在一家叫好望角的餐厅做了两年的厨师。

幸运之神眷顾了他，他中了数百万美元的大奖。在经济危机的情况下，他成了小镇最幸运的人。中奖的那个晚上，他在自己工作的餐厅请客。他亲自下厨，和大家一起庆祝。

那个狂欢的晚上，所有人都尽情玩闹，只有饭店老板约翰有些难过，因为他得开始计划重新招聘一名厨师了，他想鲍勃肯定不会继续干这份工作了。

第二天，就在约翰拟好招聘广告之后，一个熟悉的身影出现了。鲍勃来上班了。鲍勃不但来继续工作，而且还风趣地说："我是厨师，你们休想把我丢进那些豪华会所。"

于是，鲍勃又吹着口哨开始了他的工作。很快，饭店里的食客渐多，当人们发现鲍勃依然在这里工作时，都很惊讶地向他挥手致意。

有人问他："鲍勃先生，你完全不必继续在这里工作了，为什么还要继续呢？"

他一手端着盘子，一手拿着勺子说："我从小就学习做菜，并在父母亲的反对之下坚持成为一名厨师，你大概知道我有多喜欢干这个了吧？而且，我在这里有像亲人一样的老板和同事，我们相处得非常快乐，他们让我人生的大部分时间都很快乐。我为什么要因为一笔意外之财而丢弃我热爱的事情呢？是的，我不能因为钱耽搁了我的快乐。"

其实，所有的工作本身都有着自己的乐趣所在，如果你喜欢它，然后努力去做，就一定会找到乐趣所在，重要的是你以什么样的态度看待它。实际上，每一个工作岗位都有它的快乐存在。当你努力在工作中寻找乐趣时，你会以积极乐观的态度进入工作状态。如此一来，那些无聊、枯燥的工作都会改变，自己的心理状态也会发生变化。既能提高自己的工作业绩，也会影响到你周围的其他同事，这样可以提高整个团队的工作效率，可以得到同事甚至老板对你的赞赏和尊重，对事业的发展有着积极的作用。

在一个偏远的小山村，有一位邮差。他从自己年轻的时候就开始在这里做邮差，每天奔波几十里的路程，多年如一日地重复着将各种信件送到村民家里。就在这样的状况下，20年转眼就过去了，沧海桑田，很多事物都变了，只是那条连接着邮局和村庄的小路还是老样子，从来没有垃圾，放眼望去，只有尘土。

这条路还要再走多久才是头啊？他不禁问自己。当他想到自己不得不要在这荒无人烟的路上，骑着自己的小破车度过自己的余年，心里便有了一丝丝的伤感。

后来有一天，他送完当天的信件，心情沉重地准备回去，正好路过一家卖鲜花的商店。

于是，他走进了这家商店，买了一些花种。而且，从第二天开始，他就带着这些花种撒在自己每天经过的那条小路上。

一天天过去了，一年年过去了，他每天都在坚持着将花种撒向路边。

不久之后，那条他走了20年的小路，开始从荒凉变得充满生机，路边开放着颜色各异的小花儿。不同季节也都开着不同的花儿，漂亮极了。

开满小路的花散发着香气，走在路上的村民说这些比邮差送给他们的所有信件都让人感到高兴。

在飘着花香的小路上，邮差每天都很高兴，脸上带着满意的微笑，而且从此不再悲观。此后，他每天都是快乐的。

从上面的故事中，我们可以发现，当我们去用享受的态度对待工作的每一分钟时，工作就不会成为负担，而会成为一种乐趣。因此，如果你想要在工作中拥有乐趣，就要学会改变对待工作的态度，要学会换个角度看自己的工作。对工作保持着不同的心态，即使面对相同的工作内容，也会有不同的感受。

把平凡的事情做好就是不平凡。我们每个人身处的岗位都是平凡的，只有自己充满激情，用心努力去做，才能在平凡中创造成绩，收获自己的价值。

大多数情况下，并不是工作中没有乐趣，而是人不懂得在工作中寻找欢乐，创造乐趣。乐趣在哪里？乐趣就在自己全身心投入到工作中，贡献自己可以贡献的力量，追求团队价值，这时，你会发现乐趣在身边。

对工作的投入不仅需要乐观态度，更需要真正的行动。在工作中，只要对工作持有正确的态度，就会发现工作的乐趣。因此，能够从工作中寻找到乐趣并获得快乐的员工，更容易在工作中有成绩，也更可能成功。

✿ 空想百遍不如立即采取行动

对岗位有担当的员工，在工作上遇到问题时，从来不会拖延，更不会得过且过，他们只会努力地寻求解决之道，防止事情进一步恶化；而对岗位不够有担当的员工，其自身也缺乏足够的执行力，遇到问题总是置之不理，结果问题就像滚雪球一样越滚越大，最终发展到不可收拾的地步，让人追悔莫及。

不难发现，后者所犯的正是拖延症。所谓的拖延症，在心理学上的定义是这样的：自我调节失败，在能够预料后果有害的情况下，仍然把计划要做的事情往后推迟的一种行为。在职场上，有拖延症的员工比比皆是，归根结底，还是因为他们对工作缺乏必要的责任意识，在接到工作任务或是工作上遇到问题后，无法立即执行岗位责任。他们总是习惯将任务和问题一推再推，今天推明天，明天推后天，直到不能再推，才勉强逼迫自己去做，而最后的结果可想而知。对于每一位渴望在事业上获得成功的人来说，拖延症无疑最具破坏性，同时它也是最危险的恶习，它让我们在不知不觉之中丧失进取心。

那么，我们究竟该如何做才能克服拖延症呢？答案只有两个字——行动。没错，只要我们还愿意承担岗位责任，主动工作，那我们就必须用行动来破除拖延症的魔咒。而当我们开始着手做事时，我们就会惊奇地发现，自己的处境正在迅速改变。

一位农夫的农田里，多年以来一直横卧着一块大石头。这块石头碰断了农夫的好几把犁头，还弄坏了他的农耕机。农夫对此无可奈何，巨石成了他的一块心病。

有一天，在又一把犁头被碰断之后，农夫想起巨石给他带来的无尽麻烦，终于下决心弄走巨石，了结这块心病。于是，他找来撬棍伸进巨石底下，他惊讶地发现，稍稍使点劲儿，就可以把石头撬起来。

农夫脑海里闪过多年被巨石困扰的情景，再想到自己其实可以更早些把这桩头疼事处理掉时，不禁苦笑起来。

其实，在工作中，遇到问题就应该立刻弄清缘由，然后再想办法解决问题。要知道，做事拖拖拉拉或许能换取一时的安逸，但是从长远来看，这样做绝对是在浪费我们宝贵的时间和精力。就像故事中的农夫，很多事情并没有我们想象中那么困难，只要我们积极主动地执行岗位责任，就能在行动中找到最佳的解决办法。

美国前总统西奥多·罗斯福说过："做任何决策时，选择做对的事情是最棒的，选择做错的事情是次棒的，选择什么都不做是最糟的！"毫无疑问，拖延症患者就是选择什么都不做，对于那些属于自己的那份担当，他们始终都不愿意立即采取有效的行动，所以最后才会陷入无穷无尽的烦恼之中而无法自拔。

李畅琳大学毕业后进入一家公司工作，做事一向拖拉的她，在自己的第一份工作中栽了个大跟头。工作的第一天，公司领导就给她和另外一个新来的女生安排了一个任务，让她俩在网上搜集相关的资料，然后结合自己的想法，各自撰写一个活动的策划方案，要求在一个礼拜内完成。

李畅琳一听领导说"一个礼拜内完成"，心里顿时卸下了一个大包袱，她长吁一口气，决定先把这个策划放到一边，最后两天再来想办法完成它。

当另外一个女生已经开始在网上搜集相关资料时，她还一边小口地喝着咖啡，一边悠闲地逛着淘宝网。

时间飞快地过去了，到了第七天，李畅琳还没开始工作，她心里感到非常焦虑，拖延了那么久，她每天其实过得并不开心，心里总是惦记着这个事儿，可就是不愿意开始行动。一个上午的时间，李畅琳才搜集了一点点资料，这一下，她彻底慌了，因为接下来的几个小时，根本不够她撰写活动策划方案。

怎么办呢？李畅琳只好病急乱投医，从网上抄一些别人的创意，加在自己的活动策划方案里，草草了事，随便应付下领导。

最后，领导采纳了另外一个女孩精心撰写的活动方案，并且决定让这个女孩担任这次活动的总监。而李畅琳呢，因为做事拖延，不仅错失了这次机会，还挨了领导的批评。

其实，在实际的工作中，像李畅琳这样做事拖延的人不胜枚举。他们总以为时间还有一大把，只要在规定的期限内把工作完成就行了，殊不知，要做好任何一项工作都不是简单的事，必须花费一定的时间和精力。所以，当期限将至，我们着手准备去完成那件工作时，我们才会发现，事情并不像我们所想的那般简单，再加上长期的拖延于无形中又消耗了我们不少的心力，最后我们上交给领导的只可能是一个不甚完美的结果。

说白了，做事拖延就是人的惰性在作怪，每当我们要付出行动时，我们总会想办法找一些借口来安慰自己，总想让自己过得轻松些、舒服些。然而，越是这个时候，我们越是要意识到自己所肩负的担当，勇敢地战胜惰性，积极主动地应对挑战，绝对不能深陷拖延的泥潭，白白蹉跎自己的光阴。

✿ 感恩让你心中的花盛开

常言道："滴水之恩，当涌泉相报。"这句话所蕴含的意思，就是说一个人要懂得感恩。

人立于天地间，想要干一番大事业，必须要先从自己的身心开始修炼，端正好心态，断恶修善。

生活中，总有些人觉得上苍亏欠他们，父母的呵护、师长的关爱、朋友的真情似乎是理所当然的。他们视恩情如草芥，背信弃义却毫无愧疚之意，感恩之心早已荡然无存。那么我们应当如何看待感恩？我们究竟应当怎样感恩？

"父母所欲为者，我继述之；父母所重念者，我亲厚之。"对于赋予我们生命的父母，我们应该永远拥有发自内心的感恩之情；对于给予我们关爱与情谊的老师、同学和同事，我们永远拥有发自内心的感恩之情；对于让我们的生活充满美好的自然、社会，我们永远拥有发自内心的感恩之情……我们就可以像孔子的贤弟子颜回一样，"一箪食，一瓢饮，在陋巷，人不堪其忧，回也不改其乐"，在任何情况下都能过得快乐，幸福。

感恩之心，就是对世间所有人所有事物给予自己的帮助表示感激，铭记在心。感恩是每个人应有的基本道德准则，是做人的起码修养。无论你是何等尊贵，或是怎样看似卑微；无论你生活在何时何处，或是你有着怎样特别的生活经历，只要你心中常常怀着一颗感恩的心，随之而来的，就必然会不断地涌动着诸如温暖、自信、坚定、善良等这些美好的处世品格。

不懂感恩，就失去了爱的感情基础。如果人与人之间缺乏感恩之心，必然会导致人际关系的冷漠，世界就会是一片孤独和黑暗。学会感恩，感谢父母的养育之恩，感谢老师的教诲之恩，感激同学的帮助之恩，感恩一切善待帮助自己的人，甚至仅仅是对自己没有敌意的人。我们处处需要感恩，我们依靠社会其他成员的劳动才提高了生活质量。人生只有懂得感恩之后，心理才会很平衡，不去怨天尤人。

细想起来，日常生活中，我们的亲人，我们身边的同事，我们的上司，为我们付出的何止是"一滴水"？他们的爱护、担忧、叮嘱，可汇聚成一片碧海蓝天，可是我们往往忽略了这种关爱，让缺乏感恩情怀的心田里，杂草丛生。

我们只有在感恩鼓励自己的良师益友时，才能给予自己希望；我们在感恩上司给我们提供工作的机会时，工作的热情才能照亮自己前进的道路；我们在感恩指导自己的人时，才会让自己进步；我们在感恩批评自己的人时，才会使自己得到锻炼；我们在感恩伤害自己的人时，才会在磨炼中锻炼自己的意志……我们在感恩之中，收获的是另一种天高海阔、云淡风轻的美好境界。

　　一个人一旦拥有感恩的心怀，就不会患得患失，斤斤计较，懂得包容，更懂回报，以一种更积极的态度去回报我们身边的人，摒弃那些自私的欲望，使心灵变得澄清明净，心怀孝心，营建快乐，包容一切，懂得取舍，明悟得失。我们也只有在感恩的情怀之中，才会放开自己的胸怀，让霏霏细雨洗刷自己心灵的污浊，发现生活原来可以使自己变得这么快乐，会让我们心无旁骛地享受生活，使自己将职场中的负担变成轻松，将忙碌的工作变得快乐，懂得坦然面对人生中的得与失，让困境成为前进的垫脚石，让感恩的微笑，像鲜花一样美丽地绽放在容光焕发的脸上。

　　感恩阳光带给我们光明和温暖；感恩水源滋养了世间灵性；感恩父母给了我们生命；感恩亲情、友情陪着我们越过了孤独和黑暗；感恩老板给了我们人生一份职业……所有感恩的情怀，是从我们血管里喷涌而出的一种钦佩，是不忘他人恩情的可贵情感，它可以消解一个人内心所有积怨，可以涤荡世间一切尘埃，让自己在尘土中自立、自强。

❋ 热爱你的工作，努力做到最好

热忱是一把火，它可燃烧起成功的希望。热爱本职工作，尽职尽责地做好属于自己的工作，这样的员工无论在哪一个岗位上，都能够兢兢业业、任劳任怨地发挥自己的智慧和才干。

热爱工作，就是一个人保持自发性，就是把自己的每一个神经都调动起来，去完成自己内心期望实现的目标。热爱工作是一种强有力的工作态度，一种对人、事、物和信念的强烈感受。

热爱本职工作是每个企业对员工的基本要求，也是员工尽职尽责的前提，更是企业最需要的员工的基本素质。即使有一个很好的工作环境，如果总是一成不变的话，任何工作都会变得枯燥乏味。许多在大企业工作的员工，拥有高学历，受过专业的训练，有一份令人羡慕的工作，拿一份不菲的薪水，但是他们中的很多人对工作并不热爱，仅仅是为了生存而工作。因此，他们的精神，总是紧张、烦躁，工作对他们来说也毫无乐趣可言。

一份工作是否有趣，取决于你的看法。对于工作，我们可以做好，也可以做差；可以高高兴兴、骄傲地做，也可以愁眉苦脸、厌恶地做。如何去做，这完全在于自己。既然是这样，我们在对待工作时，何不让自己注入活力与热情呢？

　　一个人适合干什么工作，不是由社会潮流和个人主观愿望来决定的，而是取决于个人的特长、爱好、性格等因素。有句话说："工作着是美好的。"如果你做的是"天生喜欢"的事，那么你就容易在工作中发现乐趣。如果你做的是单调枯燥的事，那你就很可能在心理上和情绪上受到挫折。那些成功的人，总是利用两个"法宝"——毅力和热忱。毅力使你忍耐工作的枯燥，把每件事都看成是通向成功目标的踏脚石；热忱可以使你改变情绪，从工作中发现乐趣，这就是如何把单调的工作变成自己喜欢做的事的技巧。

　　设想你每天工作的八小时，都在快乐地游玩，这肯定是一件十分惬意的事情，那么，你将会把工作变成一种乐趣去享受，你也能快速发现属于自己的位置，并获得巨大的发展。

　　热忱对任何人都能产生这么惊人的效果，对你我也应该有同样的功效。一个人如果想成功，他就必须把自己全部的热忱都投入进去，热爱你的工作，并努力做到最好。正是热忱，在科学、艺术和商业领域造就了无数的奇迹。对个人而言，成功与失败的分界线往往在于，有所成就的人凭着热忱全身心地投入，而另一些人却没有这么做。

　　只有在工作中追求完美，我们才能顺利实现自我人生的价值。但是有的人却认为工作做到差不多就可以了，没必要努力去做到最好，多付出也不一定能够得到额外的报酬。然而，他们不知道的是，如果一直以尝试的态度去做事，那人生就只有尝试，不会有好的成绩。

　　热情是一种能量，能使人有资本解决艰难的问题。热情是一种推进剂，推动着人们不断前行。热情具有一种带动力，洋溢在外表、闪亮于声音、展现于行动，影响和带动周围更多的人投身于工作之中。热情并不是与自己无关的东西，也不是看不见摸不着的东西，它是一个人生存和发展的关键。有了热情，我们才能更加用心地去工作。

❋ 正确对待工作中的不如意

有一个令人笑过后顿生很多感慨的比喻：企业好像是一棵大树，树上攀满了猴子。站在树上，左看右看都是耳目，往下看都是猴子的笑脸，往上看都是猴屁股。要想少看屁股、多看笑脸，唯有努力往高处攀升。

但是，正如树权的分布一样，在企业内，越到高处，可供盘踞的位置就越少。因此，我们中的绝大多数人恐怕一辈子只能是仰起笑脸看上头的屁股；碰到待人苛刻或脾气暴戾的老板，更不免要经常挨训受气。正如马云所说，胸怀是委屈撑大的。

职场不比家里，常常有些年轻气盛的朋友，在单位受了一点点委屈，就想不开、闹情绪，最后发展到辞职不干。对于这类朋友，我们钦佩他的傲气，但并不认同他的做法。

有一句话讲得很有道理："出门在外，哪有不受气的？许多当时以为是过不了的关、咽不下的气，事后想想，其实当时的情况也并不是那么糟。挺一下，不都过去吗？在外面工作，要有好心态、大气量，正确对待工作中的委屈。"

保持良好的心态，有助于我们正确对待工作中的挫折和失败。

没有哪个人是喜欢批评而厌恶赞美的，除非你是"受虐狂"。所以，如因工作不顺或绩效不佳，成为上司发泄愤怒的"受气包"，对谁都是痛苦和可怕的体验。纵然如此，我们也不能将不满的情绪写在脸上。不卑不亢的表现令你看起来更有自信、更值得别人敬重，让人知道你并非一个刚愎自用，或是经不起挫折的人。

可以这样说，一个明智的下属，就应学做"变压器""听诊器"和"陀螺"。

试着做"变压器"而不要做"气球"。如你所知，"变压器"与"气球"的一个最大的区别是"变压器"能够对强大的电压进行舒缓、调节和分流，能够"兵来将挡，水来土掩"；而后者在被充气时，只知积聚而不懂释放，最终会因承受不住内在的压力而膨胀、炸裂。

我们要清楚：由于每个领导的工作方法、修养水平、情感特征各不相同，对同一个问题的批评方式就会表现出明显的差异。然而，作为下级，不可能去左右上级的态度和做法。所以应认识到，只要上司的出发点是好的，是为了工作、为了大局、为了避免不良影响或以免造成更大的损失，哪怕是态度生硬一些、言辞过激一些、方式欠妥一些，作为下属也要适当给予理解和体谅；反之，如果不去冷静反思、检讨自己的错误，而是一味纠缠于上司的批评方式是否合适，甚至出言当面顶撞，不仅会激化矛盾，更加有损自己的形象。

心理健康的人，面对委屈和挫折时，能像"变压器"那样善于自动调整自己的情绪，从而振作精神；但是一些敏感多疑、对挫折承受力低的人，则会把问题看得过于严重，担心上司对自己心存成见，意志趋于消极。"气球"型员工更是极端，一受气脸上就绷不住了，马上爆发，与上司针锋相对，从而留下无穷的后患；或是长期积聚郁闷情绪而无计排遣，状若"怨妇"，给自己的身心带来莫大伤害。

"听诊器"的特点是，能探测并判断别人的内部健康信息。对待那些态度不友好的上司，我们要学做"听诊器"——设法了解其内心活动和真实意图，进行"换位思考"。

一次，我去拜访在某大企业担任部门经理的客户，正逢他大声训斥下属，问其火气何以这么大，客户道出了他的苦衷：当自己的下属出现与组织的统一运作相背离，或不协调、有误差的行为时，如果不进行批评指正，那就是领导的失职。他说这样非但无益于下属的进步，而且他本人也会因此受到上一级领导的批评、惩处。

的确，当受到上司批评时，如果我们只是从自我的角度考虑问题，可能就会认为是上司故意找自己的碴儿、跟自己过不去。有这种想法，从"情"这个角度谈是可以理解的，但是在工作中，不但不利于改正错误，还会出现抵触情绪，影响跟上级的正常工作关系。所以我们不妨换个位置，设身处地地从上司的角度考虑一下：如果我是领导，会怎样对待犯了这种错误的下属，能够丧失原则、放任自流、姑息迁就吗？答案显然是不能！这样一想，往往就会心平气和了。

我们提倡职场中人要学着做"陀螺"式的员工——打击越多却转得越欢快。试想：如果我们能认识到批评和责难是一次很好的接受教训、磨炼意志的机会，能把挫折和苦难看作是一笔非常宝贵的财富，那么，是不是就能很坦然地面对呢？

以前有位朋友，老在我面前说他主管的坏话。原因是，他是单位里的"秀才"，在企划部门搞文案，可让他苦恼的是，不管他怎样的努力，都不能使他的主管感到满意。为此，他曾一度灰心丧气，甚至想辞职。可最近，在主管调他去其他部门以后，他的看法却有了些转变。正是由于该主管对他近乎苛刻的高标准要求，才使他在其他人的赞美声中不致停步，而是负气式地拼命学习、不断提高工作绩效，最终获得了自己都没想到的好成绩。

一个在工作中表现自信的人，不会拒绝别人的提醒和建议，不会因别人提出了尖锐的意见就恼火、就沮丧，而会以一种感恩的心情去接受，去学习，从而提高自己的技能。他绝不会觉得是领导跟自己过不去，而将一项艰难的事务派给了自己，而是以一种兴奋的心情去接受一项新任务。一旦出错或遇到问题，总会千方百计总结经验并尝试不同的方法，以海纳百川的度量，或是以改过自新的勇气，不断完善自己，坚信自己最后能够战胜困难，最终赢得成功。一个人要想得到成功之神的眷顾，首先就得向世界展现自己势在必得的自信。成功始于自信，自信方能成功。

忍耐是痛苦的，但它的果实却是甜蜜的。我们对待工作中的委屈应该持一种正确的观点，抱一种感恩的心态，感恩工作中的苦涩让我们获得心灵的超越。

✽ 懂得奉献，甘于奉献

生命的意义在于奉献，并不在于索取。

在职场上，那些能正确处理好自己与公司的关系，可以很好地为公司无私奉献的人，他们在工作中可以收获好许多乐趣。这样长时间下来，懂得奉献和甘于奉献的人会变得非常优秀，让人尊敬，他们也会得到丰厚的回报。

如果我们能将自己的爱心奉献出来，我们就会因此而得到更多的爱；假如我们能把快乐带给别人，那么，我们就能够因此而从别人那里收获更多的快乐。

从前有三个人，觉得自己生活不快乐，便一起去拜访德高望重的禅师，希望借此得到快乐之道。

禅师一见他们，便问："你们认为快乐的标准是什么呀？"三人依次答："我要有人爱，感情带来快乐。""我要想买什么就能买什么，财富带来快乐。""我要人们重视我，权势带来快乐。"

禅师听后说："难怪你们都不快乐，因为你们快乐的标准在别人手里，你们不停地向外追求，心里头就总是有恐惧和空虚。快乐首先是接受自己，贡献他人。"

确实，当一个人只懂得索取，而不知奉献时，那他必然会活得不开心。唯有懂得奉献，甘于奉献，我们的心灵之泉才永不枯竭，我们才会感到富足、充实和快乐，我们才能让自己的精神境界得到提升，达到一个新的高度，我们才能创造出奇迹，激发出自己潜在的力量，我们才能取得事业上的成功，并最终改变自己的命运，又或是成为一个让万人敬仰的传奇人物。

一般人都认为，在工作中奉献是一件非常吃亏的事情，在他们看来，一个人想要在职场上立足就很不容易了，为什么要花费时间和精力去做一些无谓的奉献呢？

毫无疑问，这种想法是不对的，因为一个在工作中乐于奉献的人通常都要比那些不愿吃亏、锱铢必较的人更能获得更多的好处。他们在甘愿为团队劳心出力的过程中，不断地成长，不断地进步，并总能领先其他人一步取得成功。

实际上，在竞争激烈的职场中，但凡成功的人，往往都是懂得奉献、乐于奉献的人。他们的奉献精神犹如一种竞争力，最后帮助他们一路披荆斩棘，成就一番辉煌的事业。

所以说，我们行走职场，一定要懂得奉献，乐于奉献，多为团队做些力所能及的事情，如果有团队成员遇到困难，我们务必及时伸出援助的双手。要知道，团队是一个大家庭，我们每一个人都是大家庭中的一员，只有当大家庭好，大家庭的每一个成员都好时，我们才可能真正地好。而这一切的实现，都需要依赖我们的不断奉献。

有一天，宝马汽车公司的一位员工在一家宾馆里休息，他看到宾馆门口放着一辆宝马车。然而，这辆车非常脏，于是，这位员工毫不犹豫地走过去，将其擦洗干净。

没想到，这位员工的做法不仅让宝马车的车主非常感动，而且还获得了宝马公司的高度评价。因为这辆停在门口光洁闪亮、高贵典雅的宝马车，实际上也就是一个活体广告，会让人们对宝马车有一个很好的印象。

一年后，这位员工凭借着自己的奉献精神，一步一步从基层走到管理层，最后实现了其人生的一次重大飞跃。

其实，这位宝马汽车公司的员工，他之所以那么做，根本就没有受到领导的指派，完全是因为他自己善于奉献，渴望在奉献中成长。而老天也终究没有薄待他，最终让他取得了巨大的进步，实现了自己的梦想。

很多人认为，企业是员工实现自己梦想的平台。其实，光有这个平台是远远不够的，如果员工不肯在工作中不断奉献和付出，那这个平台再大再好也是枉然。所以，我们若想让自己变得更加强大，那就必须学会奉献，学会付出，然后在奉献中茁壮成长。

我们都知道，企业不光是一个让我们谋得生存的地方，它还是一个让我们不断获得进步，使得我们迅速成长的地方。当然，如果我们自身不够努力，不愿意奉献和付出，那我们势必得不到成长。只有甘愿为团队劳心出力，我们才能在奉献中成长和进步，并最终在事业上取得莫大的成功。

如果把团队的建设比喻成柴火，那奉献就是干柴，我们只有不停地往火堆里添加干柴，柴火才能源源不断地燃烧下去。所以，我们在工作中一定要懂得奉献、乐于奉献，只有这样，我们的团队才能变得越来越强大，我们才能享有更好的生活。对于我们每一个人来说，在工作中不断奉献，是我们获得成长的最佳途径。相反，离开了奉献，离开了付出，我们也就彻底离开了团队，而离开了团队，我们就算自身能力再强，也什么都不是！

第八章

做最好的自己，用感恩成就美好人生

✿ 感恩是美德也是一种智慧

在当今这个竞争激烈的年代，感恩不仅仅是一个人的美德，它更是一种智慧，一种攻略，一条获得能量与成功的途径。

一个懂得感恩的人，会珍惜周围的一切，从而善待别人，同样，在工作中他也会坚持不懈地努力工作，成为一个最佳的雇员或合作伙伴。

在工作中，懂得感恩的人会更受欢迎。因为只有懂得感恩的人才会视公司的财富如自己的珍宝，从而小心呵护，不容别人糟蹋，时时想着维护公司的利益。试想，如果你能把公司的东西当成是自己的一样去看待，老板将会怎样看待你呢？

一位大集团的总裁说，经历了这么多年的风风雨雨，他发现，如果一个人有能力，那他会是一个可用的员工，如果一个人懂得感恩，那他会是一个优秀的员工，如果一个人既有能力又有感恩的心，那么这个人你放手让他做什么都可以。这位总裁说的话不无道理，对公司、对事业抱有感恩之心的人，不会找借口来搪塞自己的工作，也不会做任何表面的工作来蒙骗老板。他们认为勤奋工作是一种幸福，努力工作是对职务的最好回报，也是对自己、对别人的最好交代。对此，诸葛亮是我们每个人都应该学习的楷模，这在他数十年后的《前出师表》中，有充分的表露：

"臣本布衣，躬耕于南阳，苟全性命于乱世，不求闻达于诸侯。先帝不以臣卑鄙，猥自枉屈，三顾臣于草庐之中，谘臣以当世之事，由是感激，遂许先帝以驱驰……先帝知臣谨慎，故临崩寄臣以大事也。受命以来，夙夜忧虑，恐托付不效，以伤先帝之明……此臣所以报先帝而忠陛下之职分也……深追先帝遗诏，臣不胜受恩感激……"

美国的罗斯福总统就常怀感恩之心。据说，他家里有一次失盗，被偷去了许多东西。一位朋友闻讯后，忙写信安慰他。罗斯福在回信中写道："亲爱的朋友，谢谢你来信安慰我。我现在很好，感谢上帝。第一，贼偷去的是我的东西，而没有伤害我的生命；第二，贼只偷去我部分东西，而不是全部；第三，最值得庆幸的是，做贼的是他，而不是我。"对其他人来说，自家财物被盗应是很不幸的事，而罗斯福却找出了感恩的三条理由。

此时的感恩不仅仅是一种美德，更是一种智慧。

可以说，那些会感恩的人，为人处世是主动乐观、积极进取、爱岗敬业的，他们的前途也是不可限量的，而这正是任何一家公司招募人才的首要条件。

可见，感恩不是简单的报恩，它是美德也是一种智慧，一种为自己赢得美好未来的资本。读懂感恩，践行感恩，是我们在工作中实现自我价值、创造社会价值的源泉。

✿ 感恩是一个人健康成长的催化剂

一个小孩子能够成长为大人，在社会上获得别人的认同，并快速地获得成功，这个过程都需要些什么呢？

调查研究表明，正面激励因素与反面的激励因素都能取得神奇的效果。在正面激励因素中，感恩被认为是一个人能够快速、健康成长的最好的催化剂。

下面这个故事就是一个最好的例证。

布里的少年时代是在无止境的顽皮和悖逆中度过的。直到有一天，他意外地得到了一把小提琴——一把漂亮的阿马提小提琴！

他少年时一天的下午，布里眼看着他盯了许久的一辆豪华汽车驶出了一幢公寓，他认为时机来了，就翻身跃入院子，从窗户爬进了那户人家，悄悄地潜入了卧室，准备行窃。但进入卧室时，最惶恐、最尴尬的一幕出现了——卧室的床上赫然躺着一个女孩。

短暂的惊慌过后，女孩微笑着说话了："请问，你是要找五楼的瑞克劳德先生吗？"

布里只好机械地向她胡乱点头。

"哦，那么，这是四楼，你走错了。"

那时，布里大脑一片空白，听她这样讲，如获大赦，慌忙掉头就走，这时身后又响起了那个甜甜的声音："你能陪我坐一会儿吗？我病了，每天躺在床上非常寂寞，很想有个人能跟我聊聊天。"布里转回身，默默地坐在了她的床边。他们聊得很开心。

当布里下定决心要离开时，她给他拉了一首小提琴曲——《女王的舞蹈》，他陶醉在优美的旋律中，女孩看出他喜欢小提琴，执意将那把小提琴送给了他。

更让他惊讶的是，当他走出大楼，心情复杂地回头张望，发现身后那个建筑只有四层——根本就不存在五楼。

故事并没有到此结束。当他后来再次去拜访女孩时，从她父亲口中得到了一个不幸的消息——她已离开了这个世界。

他怀着沉重的心情去祭拜了她的墓碑，青色的石板上刻着一首小诗，给他印象最深的是这样一句："把爱奉献给这个世界，所以我是快乐的！"

多年后，布里已是一位声誉卓著的音乐人。

一天，他在一次外出回家时，发现楼上的卧室里传来轻微的响声。

出于职业的敏感，他听出了那是自己那把阿马提小提琴发出的声音，有小偷？

布里快步上楼，果然，一个大约十一二岁蓬头垢面的小男孩出现在他的面前，他用衣服包着布里新买的皮鞋，另一只手提着那把小提琴。

就在这一瞬间，布里的愤怒被眼中浮现出的青色墓碑所代替，他转而微笑了，说道："你应该就是拉姆斯奇先生的外甥鲁米，对吗？我是他的管家，我早就听他说你要来，你和他长得真像啊！"

少年愣在了那儿，但他很快就反应过来说："是吗？我舅舅出门去了吧？我还是先出去转转，待会再来看他吧。"

他同时打算放下那把小提琴，因为没有人会拎着它出去瞎逛。

"你很喜欢拉小提琴吗？"布里问道。

"是的，先生，但我买不起。"少年回答。

"那么，我将这把小提琴送给你吧。"

少年再次惊呆了。他似乎不相信这把小提琴的主人会是一个管家，但还是拿起了它，走下楼梯，他站在客厅回头向他张望时，看到了一张布里在大剧院演出时的巨幅海报，那个特大的头部特写让少年浑身一颤——随即他消失在了布里的视线里。

三年后，在墨尔本市的一次音乐竞赛中，布里应邀担任了那次活动的评委。

在最后，一位叫梅特的小提琴选手夺得了第一名。

在布里颁奖结束后正准备离去时，那个得了冠军的孩子拿着一把小提琴跑到了他的面前，他脸色绯红，说道："布里先生，您还认识我吗？"

布里困惑了。

"您曾经送过我一把小提琴，我一直珍藏着它，直到今天。"少年热泪滚滚。

"以前，几乎世界上的每一个人，包括我自己都认为我是一堆垃圾，是您让我在贫穷和苦难中重新拾起了自尊，让我的心燃起了改变自己的烈火。今天，我可以无愧地将琴还给您了。"

布里明白了，他就是那个"拉姆斯奇的外甥——鲁米！"

就是这么一把小提琴，它改变了两个迷途少年的命运，因为它浸透着两个词汇：一个是爱，另一个是感恩！

的确，感恩催生了无数的美丽故事，它是使人健康、快乐成长的催化剂。

❋ 用感恩的心唤醒你最大的潜能

"我没有办法完成如此困难的工作。"

"我的潜能好像已经发掘完了，你还是找别人做吧。"

这是我们常常听到的牢骚，说这些话的人大多精神萎靡、士气低沉，似乎丧失了所有的动力，就像一座被掏空的矿山，仍然屹立在那里，但却因为没有内涵而显得非常空洞。

实际上，上述说辞并非事实。国际潜能激发大师安东尼·罗宾曾说："每一个人都蕴藏着无限的潜能。"有些人无法激发潜能，是因为缺少激发潜能的动力。

在工作中，感恩是一种力量，它可以激发人体内在的潜能，这种能量一旦激发，就会给人生带来无法想象的巨大改变，而感恩就是激发这种能量的导火索。一旦你意识到这种力量的存在，并开始以更加积极的态度运用它，你就能改变整个人生。

刘明是长沙市一家乐器公司的分厂厂长，他是一个懂得感恩的人。他感谢领导对自己的信任，他感谢同事对自己的帮助，他感谢下属对自己的支持，他感谢家人对自己的体谅。感恩的心使他充满了动力，激发了他自身巨大的潜能。

他在工作中不仅制定了自己独创的一套生产经营理念，而且带领员工在技术开发上屡屡创新。

刘明深知现在企业生存靠的是新产品、新技术、低成本。如果在技术革新、创新方面走在他人后面，那么企业只有倒闭一条路可走。于是，在工作中他带领工程技术人员不断钻研和探索，并取得了巨大的创新。

刘明常说："我们国家资源有限。我们要靠卖技术赚钱，不能靠单纯地卖资源赚钱。"通过摸索、试验，刘明和他所带领的技术团队先后通过改进工装、工艺，引进先进设备等150余项举措，使产品中多个基础配套零件的生产技术和成本的消耗率走在了全国同行业的前列，节约了大量工时和能源。在原材料价格平均每年上涨35%的情况下，他们材料消耗每年却平均下降2%。

在刘明的带领下，员工们积极探索，实验了用冲压机打孔，效率提高了4倍，质量大有改进，这在国内外尚属首例。

领导在谈到刘明的时候，总是情不自禁地说："分厂少不了老刘啊！"

对他人的感恩可以让我们积极开启自己的智慧，更专注地改进工作方法，唤起自身无限的潜能，为企业的发展做出卓越的贡献，成为领导最放心的人。

在海尔公司，有一个名叫李红的女孩，她只是空调事业部的一个普通的质检员，她对自己这份简单的工作心怀感恩，并且从这份简单的工作中发现了许多不简单的问题，为公司节省了不少成本。

以前在检验空调的时候，冷凝器上有油脂，在大批量检验完后，水便会浑浊，一天要换好几次，每次都用掉近 12 吨的水，很浪费。

如果一般人遇到这种情况，大不了只是将问题向上级反映。但是细心的李红在发现了这个问题后，并不只是简单地上报给主管领导，而是开动脑筋，开始想怎么能够解决这个问题。

后来，李红想出了一个可以节约用水的好办法：根据不同大小的机型，水位不必一样高，有的机型可以调低水位，这样就会节约很多水。

经过实验以后，这个方法果然可行！她的合理化建议一经上报，就立刻通过了。

后来，李红又连续提出了 6 项合理化建议。

对于这样积极提供合理化建议的员工，领导当然很赞赏。空调事业部一厂的订单执行经理吴希说："李红这个小姑娘，根本不用人操心。她一发现问题就一直盯着，直到把问题解决。那股认真劲儿，看了真让人高兴！"

每一个人的潜能就像一座宝藏，感恩就是开掘这座宝藏的引路灯。怀着一颗感恩的心去工作，开启智慧，带给企业最大化的利益，最终你将成为屹立职场的一棵常青树。

❈ 做一名让人放心的员工

微软首席执行官鲍尔默曾说："重要的职位、优厚的回报以及崇高的荣誉，只会给予那些超越合格、达到优秀的、让公司放心的员工。"那什么样的员工才是让公司放心的员工呢？当然是那些在工作中认真努力、踏实进取、敬业负责的员工，这种员工做事从不需要他人时刻在场监督，他们自会朝着目标奋勇向前，不管遇到什么问题，他们都能主动找到最佳的解决办法。

小汪是一家连锁餐饮公司的普通营业员。因为平时工作表现突出，他曾多次被评为最佳店员。其中一次是因为他有效处理了一次危机事件。

有一天，一位顾客在进餐时突然倒地，四肢抽搐，口吐白沫，其他的客人吓得都不敢进餐，大家怀疑是食物中毒，有一位客人甚至准备掏出电话通知当地报社和电视台。在这紧急时刻，小汪表现非常淡定，他一方面指挥其他店员打急救电话，一方面竭力安抚其他顾客，掷地有声地向大家保证这绝对不是食物中毒。为了让餐厅的客人安心，同时也为了防止谣言扩散，他还当着所有人的面吃下很多饭菜，他边吃还边请求大家耐心等待救护车的到来。

没过多久，救护车就赶过来了，经验丰富的医生告诉大家，顾客实际上是癫痫发作，不过凑巧赶在这样一个场合，大家尽可放心就餐。一场危机就这样被小汪化解了。

事后，公司领导在公司例会上表扬了小汪对岗位责任的坚守和承担，并提拔他为所在餐厅的经理。

一个无论什么时候都能主动承担责任的员工，无疑就是一个可以让企业放心的员工。小汪的出色表现，充分展示了他对工作的尽职尽责。不难发现，这种急企业所急、忧企业所忧，且时刻不忘企业利益的员工，才是所有企业管理者需要的人才。

对企业负责，就是对自己负责。一个人不管供职于哪一家公司、从事哪一种职业，都应该认真负责地将工作做好，尽自己最大的努力让公司不断发展。要知道，在现实生活中，领导也总是喜欢那些时刻为了公司利益挺身而出、能够担当重任、有着超强责任心的员工。

比尔·波特是一名推销员，他每天上班要花三个小时才能到达公司。不管多么痛苦，比尔都坚持着这段令人筋疲力尽的路程。在他看来，工作就是他的一切，他以此为生，同时也以此体现生命的价值。

然而，他的这一生要比一般人艰难得多。母亲生他的时候，大夫用镊子助产，不慎夹碎了他大脑的一部分，导致他患上了大脑神经系统瘫痪，影响到说话、行走和对肢体的控制。长大后，人们都认为他肯定在神志上会存在严重的缺陷，州福利机构还认定他为"不适于被雇用的人"。

比尔应该感谢他的母亲，是她一直鼓励他做一些力所能及的事情，她一次又一次地对他说："你能行，你能够工作，能够自立！"比尔受到母亲的鼓励后，开始从事推销工作。最初，他向福勒刷子公司申请工作，这家公司拒绝了他，并说他根本不适合工作。接着，几家公司采用同样的态度回复他，但比尔没有放弃，最后，怀特金斯公司很不情愿地接受了他，但也提出了一个条件：比尔必须接受没有人愿意承担的波特兰、奥根地区的业务。虽然条件苛刻至极，但毕竟有一份工作了，比尔当即答应了。

1959 年，比尔第一次上门推销，犹豫了四次，他才鼓起勇气按响门铃。第一家没有人买他的商品，第二家、第三家也一样……但他坚持着，即使顾客对产品丝毫不感兴趣，甚至嘲笑他，他也不灰心丧气。终于，他取得了成绩。

每天辛苦工作，当晚上回到家时，他已经筋疲力尽，他的关节会痛，偏头痛也时常折磨着他。每隔几个星期，他会打印一份顾客订货清单。由于只有一只手行动方便，这项别人做起来非常简单的工作，他却要花去 10 个小时。他辛苦吗？当然辛苦，但心中对公司、对工作、对顾客，以及对自己的虔敬之意支撑着他，他什么苦都能够顶住。就这样，比尔的业绩不断增长。在他做到第 24 年时，他已经成为销售技巧最好的推销员。

进入 20 世纪 90 年代时，比尔 60 多岁了。怀特金斯公司已经有了 6 万多名推销员，不过，他们是在各地商店推销商品，只有比尔一个人仍然是上门推销。许多人在打折商店购买怀特金斯公司的商品，因此，比尔的上门推销越来越难，面对这种趋势，比尔付出了更多的努力。

1996 年夏天，怀特金斯公司在全国建立了连锁机构，比尔再也没有必要上门推销了。但此时，比尔成了怀特金斯公司的"招牌"，他是公司历史上最出色的推销员、最敬业的推销员、最富执行力的推销员。公司以比尔的形象和事迹向人们展示公司的实力，还把第一份最高荣誉——杰出贡献奖给了比尔。

很显然，像比尔这样的人，才是让企业最为放心的员工。和一般人相比，比尔几乎没有任何优势，但值得庆幸的是，他对工作岗位的热爱和高度负责，自始至终都无人能及。如果没有强烈的责任心为依托，他不可能从最开始的那个被众多企业拒收、不看好的员工，渐渐成长为现如今怀特金斯公司的最佳形象代表。

众所周知，责任心是人这一生中必不可少的东西，如果我们没有了责任心，我们将变成一个让别人厌恶的人；如果我们没有了责任心，我们将一事无成；如果我们没有了责任心，别人就会对我们失去信心！

所以，如果我们想在工作上干出一番成就，就必须心怀责任，积极主动地聚焦岗位责任，誓做一名让企业放心的优秀员工。

❀ 懂得爱和感恩的人才会拥有真正的成功

阿尔贝托有一个了不起的夫人——英国女王维多利亚。

他们夫妻的感情和谐，但并不是所有的时候都如此。

有一天，白金汉宫举行了一场盛大的宴会，其中最忙的就要数维多利亚女王了。由于她一直忙着接受王公大臣们的赞美，一时间忘了自己的丈夫，把他冷落到了一边。阿尔贝托很生气，悻悻地回房了。

过了一会儿，他的房门被敲响了，他问："谁呀？"

门外传来一个侍从的声音："女王陛下。"

阿尔贝托更加生气了，没有开门。

门外，聪明的维多利亚女王示意侍从走开。她再次走到门前，抬手敲门，阿尔贝托不耐烦地问："谁呀？""是我，维多利亚。"

女王和气地在门外回答，然而屋里的人用被子蒙住头，仍然拒绝开门。女王看到这种情形，想要转身离去。她走了几步，想了想，又回来第三次敲响了门。

"谁？"阿尔贝托问。

"你的妻子。"门外的女人温柔地回答。

这一次，门终于打开了。

夫妻之间尚且有三叩夫门的故事，那么，我们和朋友、同事之间是否更应多用一些智慧，多付出一点爱呢？

爱与成功、财富等紧密相连，它们就好像孪生儿。如果你懂得用爱与人沟通、交流，你得到的东西会比其他的任何一种方式得到的都要多得多，因为每一个人都是爱的共振器。

有一个故事形象地把爱、成功和财富连在了一起。

有一个妇人独自待在家里。有一天她注意到窗外的台阶上坐着三位长者，于是，她走过去对他们说："请进来坐吧。"

然而三个人都不愿意进她的家。

傍晚时分，丈夫回来了。妇人告诉他这件奇怪的事，他就专程到后面花园里去请他们进来。三个长者还在，但他们说："我们不能同时进你的家，你只能选择一个人去，我们三个分别是爱、成功和财富。你和家人商量一下吧！"

丈夫再次回到屋里，说了这件奇怪的事，妇人说："要不我请财富进来吧，怎么样？"

正值妙龄的女儿表达了不同的见解："我们还是请爱进来吧！"

夫妻俩想了想，最终同意了。但当他们宣布这一邀请时，三个人一同来到了他们的家，妇人不解地问他们："不是说只能请一位吗？"

三个老人快乐地说："只有当你邀请爱的时候，我们才会一同出现。"

一旦生命对爱发出了邀请，你的境况会完全不同。这种爱包括了一切形式的爱。当爱之门敞开时，它比任何一种武器都要强大。

雨果在他的作品《悲惨世界》里讲述了这样一个故事。

一个罪大恶极又力大无比的罪犯从死囚牢中越狱。他饥肠辘辘，心中充满了邪恶的念头，他觉得这个世界上所有的人都是他的敌人，他愚顽、执拗而又不可教化。

他像一个鬼魂般游荡到了一座教堂。一个老神父暂时收留了他，但他心里固执地断定这个神父是虚伪做作的。

在他狼吞虎咽地进食的时候，神父外出去打理一些事情。他吃光了神父准备的食物，最后把目光盯在了银制的烛台上，那可是件值钱的东西。他趁神父不在，将它藏在身上，然后扬长而去。

但他没走多远，就被路过的警察抓住了。他们搜出了他藏在身上的银器，并认出这是教堂的东西，就押他向教堂走去。

他此时只剩下一个想法："这回完了，我又要回到那个阴冷、潮湿的地方去了，我这辈子也别想出来了。"

半路上，他们发现一个老人正快步向他们走来，那人正是神父。罪犯彻底绝望了。

神父走到他们身边，热情地拉住罪犯的手说："亲爱的朋友，你忘了拿这只烛台，它们是一对。"

说着，他举起了手中银光闪闪的另一只烛台。

在这短短的几分钟里，那个罪犯经历了人生中从未有过的震撼，他的感受从未如此强烈——他收到了爱的邀请！

面对最残酷的刑罚，他只会变得更邪恶、更凶残。然而，这一次经历却彻底改变了他，他突然发现：原来自己可以做一个好人。

从那儿以后，他痛改前非，决定洗心革面、重新做人。

后来，他甚至通过竞选，当上了一市之长，变成了一个对社会、对人类充满爱的人。

这就是爱的神奇力量！

只有爱能催生奇迹，再严苛的戒律，再权威的尊严在爱的面前也会变得黯然失色。只有心中有爱，你才能走得更远。

带着爱和感恩的心去工作吧，你的心情会更加舒畅，效率会更加快捷，成就会更加辉煌！

✿ 学会感恩才能拥有美好未来

一直以来，我们经常把"感恩"理解成"感谢恩人"。"恩人"者，乃于自己有大恩大德者。

可以说松下幸之助是现代史上最成功的实业家之一。在日本，他被尊为"经营之神"，在西方，他的照片登上了美国《时代周刊》的封面，这表明他已跻身于世界级企业管理天才的行列。然而他却只受过四年的小学教育，九岁时，他以 100 日元创业，发展到现在的松下集团——世界三大电器企业之一。

20 世纪 30 年代中期，松下幸之助为了振奋员工的"松下精神"，专门制作了公司的"社歌"，还制订了"松下七精神"：产业报国、光明正大、协和一致、努力向上、礼貌谦虚、顺应时势、感恩报效。为了使众多的事业部都能贯彻松下幸之助的经营理念，松下集团在每年年初都要进行一次由松下幸之助参加并做讲演的"经营方针发表会"。员工们在每个工作场所实行"朝礼"制度，背诵公司"七精神"，最后还要宣誓："作为一个产业者，绝不违背自己的本身。"在下班前几分钟，员工还要对照公司的"七精神"检查这一天的言行。这种"朝礼"制度，已被日本许多企业采用。

松下幸之助认为：当员工有 100 人时，他必须站在员工的最前面，身先士卒，发号施令；当员工增至 1000 人时，他必须站在员工们的中间，恳求员工们鼎力相助；当员工达到 1 万人时，他只要站在员工的后面，心存感激即可；当员工达到 5 万至 10 万人时，心存感激还不够，必须双手合十，以拜佛般的虔诚之心来领导他们。

松下幸之助对员工不是以居高临下的心态去发号施令，而是以"请"的心态、以"万事拜托"的心态与员工们相处，使员工们感到：公司就是自己的家，自己就是公司的主人。只有这样，员工们才能把自己的全部智慧和力量奉献给公司。

从另一个角度讲，松下先生的"企业的最大财产就是人"的理念，正是来源于他那种"万事拜托"的感恩心态。

的确，企业就是一个大家庭，它的兴衰荣辱与其中每个成员都有十分密切的关系。企业成功了，固然有领导者和管理者的功劳，但也离不开普通员工的汗水和心血。作为一名优秀的领导者和企业家，必须怀有对员工的感恩之心——没有他们，就没有自己的成功。

人生在世，不如意事十有八九。如果我们囿于这种"不如意"之中，终日忐忑不安，那生活就会索然无趣了。相反，如果我们拥有一颗感恩的心，善于发现事物的美好，感受平凡中的美丽，那我们就会以坦荡的心境、开阔的胸怀来应对生活中的酸甜苦辣，让原本平淡的生活焕发出迷人的光彩！

❋ 心怀感恩，坚持终将美好

懂得感恩，说明一个人对自己与他人、与社会的关系有着正确的认识。没有感恩和报恩，很难想象一个社会能够正常发展下去。同样，一个人只有通过自己的不懈努力再"加上"一颗感恩的心，才能成就事业辉煌，才能提升生命的高度。

沃尔玛公司是世界上最大的连锁零售商，它是由美国零售业的传奇人物山姆·沃尔顿先生于1962年在阿肯色州创立的。经过多年的发展，沃尔玛目前在全球开设了近6800家商场，员工总数190多万人，分布在全球14个国家。全球每周光临沃尔玛的顾客达1.76亿人次。

沃尔玛于1996年在中国深圳开设了第一家沃尔玛购物广场和山姆会员商店。经过二十多年的发展，沃尔玛目前已经在中国几十个城市开设了近百家商场，至今在华的总投资额达17亿元，创造了近4万个就业机会。

"我们不要向生活索取什么，而应该为我们所生活的社会做出贡献，同时传播好的事物。"沃尔玛公司的创始人山姆·沃尔顿的妻子海伦·沃尔顿的这句话，被沃尔玛奉为企业文化的"圣经"。

山姆及沃尔玛的文化——知道感恩，用爱心对待一切人，以最低的价格提供最好的服务。沃尔玛对顾客提供服务，坚持"比满意更满意"原则：要向每一位顾客提供比满意更满意的服务，一项服务做到让顾客满意还不够，还应努力想方设法加以改进，以期提供比满意更好的服务。

沃尔玛的企业文化崇尚"尊重个人"，彰显了企业感恩文化的人情味。沃尔玛不只强调尊重顾客，为顾客提供一流的服务，同时还强调要尊重公司的每一个员工。在沃尔玛，不把员工当作"雇员"来看待，而将他们视为"合伙人"和"同事"，公司规定，对下属一律称"同事"而不称"雇员"。沃尔玛的管理者必须以真诚的尊敬和亲切的态度对待下属，了解员工的为人及其家庭，还有他们的困难和需求，尊重和赞赏下属，帮助他们成长和发展。包括沃尔玛的创始人沃尔顿在内，沃尔玛的领导和员工、顾客之间呈倒金字塔的关系，顾客在首位，员工居中，领导则位于底层，员工为顾客服务，领导则为员工服务。领导的工作就是给予员工足够的指导、关心和支援，让员工更好地服务于顾客。公司内部没有上下级之分，下属对上司也直呼其名，营造了一种上下平等、随意亲切的气氛。这让员工们意识到，自己和上司都是公司里平等而且重要的成员，只是分工不同而已，这样他们就能全心全意地投入工作，为公司也为自己谋求更大的利益。

依靠具有爱心的感恩文化，沃尔玛每天都在迅速地扩大市场并提高效益。

的确，怀有感恩之心，你就会对许多事情平心静气；怀有感恩之心，你就可以认真、务实地从最细小的事情做起；怀有感恩之心，你就能自发地做到严于律己、宽以待人；怀有感恩之心，你就能正视错误，互相帮助；只有怀有感恩之心，你才能成就生命和事业的辉煌。

第九章

感恩的员工最有奋斗精神

✿ 有奋斗精神不会仅满足于 99.9% 的成功

在生活中，我们很容易满足于自己已经达到的目标，为自己取得的一点点成功欢欣雀跃，以为已经实现了人生的终极目标，从此失去了前进的动力。其实，我们不应该满足于一点点成功，而是应当制定新的目标，不断向新的高度攀登。只有在进取之灯的指引下，才有可能不断地迈向卓越，实现自我人生的价值。

实现目标需要长期的努力。在为人生目标奋斗时，不能幻想一劳永逸，而要务实笃行、稳扎稳打、奋力前行。同时，也要看到，每取得一点成功，都是向最终的目标前进了一步。即使取得了全局性的成功，也不是目标的终止，而恰恰是向更高一级目标攀登的开始。只有志存高远、不断进取的人，才能充分发挥自身的潜能，创造辉煌的人生。

在前进的路上，往往需要多次调整才能确定最终的方向。执着的追求是应该嘉许和称道的，但也要注意随时回顾并更新目标，不时重新看看自己的目标表。如果你认定某个目标应该调整，或用更好的目标取而代之，就要及时修正。当你达到了自己的目标，或是向它迈进了一步时，绝对不能就此止步。向着更高的目标迈进是人崇高的追求。

目标的调整，实际上是一种奋斗精神的体现。若原目标已实现，就要制定新的、更高层次的目标。若发现原目标与自己的条件及外在因素不相适合，那就得改弦易辙，另择他径。这样，才能避免浪费宝贵的时间，避免遭受不必要的挫折。若是原目标定得过高了，只有很小的可能实现，必须调低，再继续积累，增强"攻关"的后劲。若原目标定得太低，轻易就已跃过，则要权衡自己的能力、水平，将目标向上"升级"。

其实，对待工作如同开车，如果总在听外面的声音，什么事都要去关注一下，那么心情必然是浮躁的，而只有将全身心都集中到工作上去，以100%的精力去对待手头的工作，那样，工作才会飞速向前。要想真正做到将身心注入工作中去，以一百分的努力去对待工作，还要将工作看作是自己的一项事业，而不是一份"苦差事"。

在工作中，每个人都应该尽自己最大的努力，去认真对待自己的每一项工作，并在工作中严格要求自己，如果能做到最好，那么就不能允许自己只做到一般；如果能做到100%，就不能只做99%。

强烈的奋斗精神是一个员工实现自我、走向卓越所必备的一种优秀品质。工作本身就意味着奋斗，当一个员工视自己的工作如自己的生命一般神圣，当一个员工把自己的全部精力都投入到某一项工作中去，对每项工作都能付出一百分的努力，追求尽善尽美，那么他就是一个有奋斗精神的员工了。

20世纪20年代，胡适先生曾经写过一篇著名的文章《差不多先生传》，文章的主人公叫差不多先生，他总是说："凡事只要差不多，就好了。何必太精明呢。"在胡适先生的这篇文章里，差不多先生做每一件事都会提到差不多，但就是这样的一点点差距使他做差了很多事。其"差不多"的做法，是一种对自己、对生活极不负责任的态度，这样的人是可笑的，也不会有任何成就。

令人遗憾的是，直到现在，"差不多"心态并没有随着时间的流逝而消失，而是依然无处不在，无时不有。尤其在当今职场中，"差不多先生"比比皆是。开会的时候，他会说："差不多时间到就好了，何必一定要准时到呢。"于是，他常常迟到。制订工作计划的时候，他会说："做得差不多清楚就可以了，何必要那么明确呢，多留点余地多好。"于是，最初计划好的人力、物力、工作安排在真正做的时候不停地被修改调整，甚至推倒重来。负责公司的产品生产、质量管理时，他会说："差不多达到要求就可以了，何必搞得这么累呢。"于是，公司产品的合格率下降了。去给客户做工程设计和安装，结果客户向公司投诉不能用时，他会说："差不多就行了，何必这么挑剔呢？""基本""好像""几乎""大约""估计""大概"等，成了这些"差不多先生"的常用词。这些"差不多先生"们不想奋斗，仅仅满足于"差不多就行了"的应付工作的态度，结果这里差一点，那里差一点，结果当然要大打折扣。

有一家企业引进了德国设备，德国工程师在设备安装调试验收时，发现有一个螺钉歪了，但是它的紧固度没有问题。这家企业的工程师认为这没有什么大不了的，所有六角螺钉的紧固度不可能都一丝不差，差不多就行了。而德国工程师却坚持说："不，这完全可以做到。六角螺钉歪了，是因为在拧这个螺钉的时候，没有按规范标准进行操作。"后来通过调查发现，确实是这家企业安装工人未按照技术操作标准要求安装。

工作的效果是检验奋斗意识的唯一标准，不论是做人还是做事，我们都应抱着消灭"差不多"的决心，为自己确立这样一个高标准：只有做到

100 分才是合格，99 分都是不及格。唯有如此，我们才能彻底告别"差不多先生"，达到尽善尽美。

威尔逊在创业之初，全部家当只是一台分期付款赊来的爆米花机，价值 50 美元。第二次世界大战结束后，威尔逊做生意赚了点钱，便决定从事地皮生意。虽然有人对他冷嘲热讽，可他对自己的事业充满了信心，对他来说，他有责任在自己选择的这条事业道路上坚守，直到取得成功。

当时美国处于战后时期，人们一般都比较穷，买地皮修房子、建商店、盖厂房的人很少，地皮的价格也很低，从事地皮生意的人也并不多，但威尔逊以执着的超强的责任心坚守着自己的选择，不遗余力地开拓自己的事业。他每天早出晚归地寻找客户，还用手头的全部资金再加一部分贷款在郊区买下很大一片荒地。他的预测是，美国经济会很快繁荣，城市人口会日益增多，市区将会不断扩大，必然向郊区延伸。在不远的将来，这片土地一定会变成黄金地段。后来的事实正如威尔逊所料。没出三年，城市人口剧增，经济迅速发展，大马路一直修到威尔逊买的那块土地的边上。

这时，人们才发现，这片土地价格倍增，许多商人竞相出高价购买，但威尔逊没有满足于眼前的成功，为了更长远的利益，他告诫自己不能止步不前，他还有更加深远的打算，他认为自己有责任将自己的经营理念践行到底。

后来，威尔逊在自己的这片土地上盖起了一座汽车旅馆，命名为"假日旅馆"。由于它的地理位置好，舒适方便，开业后，顾客盈门，生意兴隆。

威尔逊的生意越做越大，他的假日旅馆逐步遍及世界各地。他也因为在房地产和旅馆业方面的巨大成功而成为被许多企业家推崇的榜样。

威尔逊之所以能有事业上的一步步成功，是因为他有全力以赴追求事业成功的责任心，他不仅仅满足于眼前的成就，因此他才能将自己的事业做大做好。

当你用强烈的奋斗精神去改变自己的命运的时候，所有的困难、挫折、困扰都会为你"让路"，"野心"有多大，就能克服多大的困难，战胜多大的阻碍。你完全可以挖掘自身的潜能，激发成功的欲望，树立责任心，向着目标前进。

✿ 永远把自己当成"新人"看待

在工作中，我们要时刻把自己当成一个"新人"看待，永远保持工作的热情和学习的热情。

有些人在工作中总是故步自封地自我感觉良好，觉得自己工作了些许时日就有资格"倚老卖老"，可以不用再像刚入职时那样全力以赴了，或者想先暂时停下脚来歇口气再说奋斗的事。于是，他们的奋斗精神在这种惰性中渐渐泯灭。

这些人以为，成长只是青少年时代的事情，只有学校才是学习的场所，自己已经是成年人，并且早已走向社会了，因而没有必要再学习了。这种看法其实是不对的。我们只有时刻把自己当成一个"新人"看待，才能承担起人生的责任。

因为，学校里学的东西是十分有限的。工作中、生活中需要的相当多的知识和技能，课本上都没有，老师也没有教给我们，这些东西完全要靠我们自己在实践中边学边摸索。可以说，如果一个人不继续学习、不继续成长，就无法获得生活和工作需要的知识，无法使自己适应急速变化的时代，不仅不能做好本职工作，反而有被淘汰的危险。

纽约戴尔·卡耐基学院的一位学员名叫埃德·格林，他是一位十分杰出的推销员，年收入超过 75 万美元。可他一直坚持每年定期到职业学校花钱参加培训。

格林讲过这样一件事："当我还是一个小男孩的时候，有一次，我的爸爸带我去看我们家的菜园。爸爸可以说是当时那个地区最好的园丁，他在菜园里辛勤耕作，并且以自己的成果为荣。当我们看完之后，爸爸问我从中学到了什么。"

"我当时只能看出来爸爸显然在这个菜园里下了很大一番功夫。对这个回答爸爸有些沉不住气了，对我说：'儿子，我希望你能够观察到当这些蔬菜还绿着时，它们还在生长；而一旦它们成熟了，就会开始腐烂。'

"我一直没有忘记这件事，我去上职业培训课是因为我认为自己能从中学到些什么。坦白地讲，我确实从中学到了一些东西，那使我完成了一笔生意并得到了上万美元，而在此之前我曾花了两年多的时间试图做成这笔生意。我所得到的这笔钱能够付清我这一生接受培训的所有花费。"

据美国国家研究委员会调查，半数人的工作技能在 1 ～ 5 年就会变得一无所用，特别是在工程界，毕业十年后所学还能派上用场的不足 1/4。因此，学习已成为随时随地的必要选择。

美术大师不停地学习作画的新技巧，音乐大师每天花费几个小时学习和练习新的乐曲，都是为了使自己更出色。不仅艺术家如此，那些工作效率最高、工作质量最好的人，都是在不断努力中使自己的才能得到充分发挥的。才能不是僵化的东西，它是在磨炼中成长的，只有在学习的实践中我们才会发现自己的不足之处，不断成长，在克服困难的过程中不断提高。

当然，具体就每个人而论，他们的潜能也不一样。有的人，年龄虽然很大了，可是他的能力还在继续发展，所以，就有一个将它开发出来并使之放大的问题，而这种发掘只有把自己当成一个"新人"看待，才会注意"能量"的开发，才会拥有渴望成功的意识。

德国著名作曲家、音乐批评家罗伯特·舒曼曾经讲过："一磅铁只值几分钱，可是经过了锤炼，就可制成几千根钟表发条，价值数万元。"所以，舒曼劝告人们说："要好好利用上天赋予你的'一磅铁'。"从舒曼的话里，我们可以得到这样的启示：人的天赋，相差并不大，有的人之所以能够成长为"能量"较大的人才，是因为他"经过了锤炼"。"锤炼"的功夫下得越深，自我开发的工作就做得越好。铁可百炼成钢，人可百炼成才。

人的自我开发可从以下几个方面着手。

要下苦功，掌握知识，并使知识系统化。能力、才能并不是不可捉摸的东西，它是在掌握知识的过程中形成的，同时又表现在掌握知识的过程中。离开学习知识，单纯地去追求什么能力、才能，是没有意义的。对青年人来讲，首要的是扎扎实实地学知识。

要养成勤思的习惯，勤思多智。真正的人才，都是思想上的勤奋者。牛顿说："思索，持续不断地思索，以待天曙，渐渐地见及光明……如果说我对世界有些贡献的话，那不是由于别的，只是由于我辛勤耐久的思索。"

常用的钥匙总是发亮的，勤思的头脑总是多智的。因此，要使自己的大脑经常处于有弹性的积极思维状态中。

合作多智，要善于向师友学习，使自己的才能得到多方面的补充。著名科学家卢瑟福说过："科学家不是依赖于个人的思想，而是综合了无数人的智慧。"现代科学的发展，越来越显示出它的时代特征，那就是从单一性的个体研究进入合作性的集体研究。

在这种趋势之下，每一位职场人士，都应该适应这个趋势，自觉地把自己锻炼成为具有集体观念的人，这种集体观念包括向师友虚心学习、具有合作精神。具有合作精神的人可以多吸收各人的长处，增长自己的才干。

在实践中勇于创新和创造。实践出真知，实践出智慧。任何人的能力、才能都是在实践中增长起来的。实践好比磨刀石，刀锋好比一个人的才华。

职场之人，不仅要继承，而且要勇于创新、创造。创新、创造是具有更高一层意义的实践。创造性的花朵是人类才能的最高表现。

《信仰的力量》一书的作者路易斯·宾斯托克指出："你若是想在人生中有一些成就，最有效的办法便是把自己当成一个'新人'看待，把信念提升到强烈的地步，因为只有达到这种程度才会促使你拿出行动。"

一个有强烈奋斗精神的人，必然执着于为了达成自己的人生信念不断突破成长的高度，为此，他们不怕被人三番两次地拒绝，也不怕别人的冷嘲热讽。

强烈的奋斗精神有积极的意义，它能激励人心，促使人们拿出实际的行动。想让自己不断成长的进取心是一种动力，而强烈的奋斗精神则是最有价值的发动机，一个人只有持久不懈地努力，才能实现自己的目标、计划、心愿或理想。

✿ 培养自我管理的能力是对自己负责

著名的西门子公司有个口号叫作"自己培养自己"。和所有的顶级公司一样，西门子公司在员工管理上有自己的"真知灼见"，他们把员工的全面职业培训和继续教育列入了公司的战略发展规划中，并严格按计划加以实施。他们还把很大一部分注意力放在了激发员工的学习欲望、营造环境让员工承担担当这两个方面上，并注意让员工在创造性的工作中体会到成就感。另外，公司还要求管理者引导员工以提高其自我管理能力，以便和公司一起成长。

当然，实施自我管理需要具备一个前提，那就是相信自己有进行自我管理的潜质，这一点是值得每一位管理者用心关注的。

并不是每一个员工都有自我管理的能力，在进行自我管理前，我们要对自己的工作能力及胜任情况做出评估。

只有拥有了一定的素养，才能具备自我管理的条件。企业要培养员工自我管理的意识，首先要去了解他们为什么缺少这一意识。曾有一家机构对近百名表现出畏惧和担忧的员工进行了访谈，最终得到以下几个原因。

第一，不够自信。很多员工不相信自己的能力，也不相信自己能够很圆满地处理好工作。

第二，不愿意承担更大的责任，不愿奋斗。以往，上司给员工安排了工作之后，即便是出了问题，也会有上司帮自己兜着；但是实行自我管理之后，员工就要面对新情况了，他们必须学会独自承担责任。而且，随着目前团队意识受到越来越广泛的强调，很多人的工作也和团队有着紧密关联，这就给员工造成了更大的压力和责任，曾有一名员工说："以往我只需要承担自己的责任，但现在我却要承担整个团队的责任。"

第三，缺乏自我管理所需要的技能。在以管理者为核心的情况下，员工只要按照上级的安排去行事就行了，而不需要考虑任务的主次、如何筛选、先后顺序、如何统筹安排等要素，但在被要求自我管理后，这些都成了他们不得不去考虑的问题，但由于缺乏类似的经验，使得他们并不具备相应的技能。

第四，大多数员工只关心自己的工作，而不注意团队协作与配合，最终导致自我管理滞后于团队步伐，使得团队的工作节奏出现混乱。

其实，自我管理是一种习惯，也是可以培养出来的。针对以上问题，我们可以从以下几个方面入手来培养自我管理的能力。

首先，要增强自信心。一个最好的方法就是先从简单的工作做起，这样比较容易取得成绩，也能给自己带来满足感和自信心。如此一来，我们挑战更大困难的念头也会越来越强烈，进而就可以更好地解决有难度的工作。

其次，要注意培养团队责任意识。必须养成站在团队整体的角度去考虑问题的习惯，从而增强承担更大责任的意识和信心。

最后，多参加系统的技能培训。不管是时间管理还是沟通技能，都是可以通过培训来提高的，这对提高工作的效率大有帮助。

日本社会学家横山宁夫曾说过："最有效并持续不断的控制不是强制，而是触发个人内在的自发控制。"因此，摆在管理者面前的一个最佳"控制"之道，就是去激发员工内心自我管理、自发控制的力量。

海伦凯勒说："只要有一线希望，就应奋斗不止。"不管面临怎样的厄运，都要全力以赴地面对。生命不息，奋斗不止，是人生的责任。有一句话说得很好："重要的不是到底发生了什么事，而是你如何看待它们。"积极的态度必将创造奇迹。

奥格·曼狄诺在《羊皮卷》中写道："你的态度决定了你的前途，你想着自己是什么样的人，你就会成为什么样的人。"培养自我管理的能力是对自己负责的最佳体现。

❋ 奋斗精神会让团队更和谐

奋斗精神可以让人在竞争中不断地通过寻求团队合作，提升自己的能力，增强团队的战斗力。

优秀员工与普通员工的区别在于，普通员工一般会这么想："公司和团队为我做了什么？"而优秀员工则会想："我能为公司和团队做些什么？"

如果你能有把公司当成自己的家的奋斗意识，就不会和同事斤斤计较；如果你有热爱团队的奋斗意识，就会甘于"吃亏"，乐于奉献，让集体的人际关系更加和谐。一个人如果总计较自己的付出，没有任劳任怨的奋斗精神，就会对多做的工作产生抵触情绪，还会影响自己在公司的人际关系。

李明军是一位被破格提拔的总经理。总裁最看重的就是他的担当精神。总裁虽然精明干练，但是管理风格却十分"独裁"，对下属总是按照自己的意志来指挥，从不给他们独当一面的机会，人人都只是奉命行事的"小角色"，连主管也不例外。这种作风几乎使所有主管都极为不满，一有机会便聚集在走廊上大发牢骚。

然而，李明军却与众不同。他并非不了解总裁的缺点，但他的回应不是批评，而是设法弥补。当总裁又忍不住发布命令的时候，他就加以缓冲，减轻下属的压力。同时，又设法配合总裁的长处，把努力的重点放在能够着力的范围内。受差遣时，他总尽量先多做一步，设身处地地体会总裁的需要与心意。在李明军的配合下，大家虽然不时地要受些委屈，偶尔也忍不住抱怨几句，但整个团队其乐融融，配合默契，每个人的能力都得到了充分发挥，整个团队的战斗力非常强。

经常读成功人物传记的人会发现：许多成功的人背后都有一个全体成员团结互助、亲密合作的团队。如果脱离了集体，个人即使再有能力也没有团队产生的合力大；如果只计较自己的得失，无视团队的利益，那将涣散团队的合力，最终害人害己。

亨利是一家营销公司的一名优秀的营销员。他所在的部门里，团队精神曾经十分出众，每一个人的业绩都特别突出。后来，这种和谐融洽的氛围被亨利破坏了。

前一段时间，公司的高层把一个重要的项目安排给亨利所在的部门，亨利的主管反复斟酌考虑，犹豫不决，最终没有拿出一个可行的工作方案。

而亨利则认为自己对这个项目有了十分周详而又容易操作的方案。为了表现自己，他没有与主管商量，也没有向主管提供自己的方案，而是越过主管，直接向总经理说明自己愿意承担这项任务，并提出了可行性方案。

亨利的这种对团队没有担当精神的做法，严重地伤害了部门主管的"面子"，破坏了团队精神。结果，当总经理安排他与部门主管共同负责这个项目时，两个人在工作上不能达成一致意见，产生了重大分歧，导致团队内部出现了分裂，团队精神涣散了下来，项目最终也在他们手中"流产"了。

这个事例说明，一个人如果没有认清自己的位置，不顾团队的整体利益而只想表现自己，对团队造成的损害将是非常大的。

钓过螃蟹的人或许都知道，竹篓中放了一群螃蟹，不必盖上盖子，螃蟹是爬不出来的。因为当有两只或两只以上的螃蟹时，每一只都争先恐后地朝出口处爬。但篓口很窄，当一只螃蟹爬到篓口时，其他的螃蟹就会用威猛的大钳子抓住它，最终把它拖到下层，由另一只强大的螃蟹踩着它向上爬。如此循环往复，结果就是没有一只螃蟹能够成功。

这个现象被叫作"螃蟹效应"。如果团队成员目光短浅，没有奋斗精神，只关注个人利益，忽视团队利益；只顾眼前利益，忽视长久利益，那么整个团队将会逐渐丧失前进的动力，如此，便会出现"1+1<2"的现象，最终让团队失去战斗力。

"螃蟹效应"是员工严重缺乏奋斗精神的体现，他们没有认清自己在团队中的位置，没有对团队负责的担当意识，更不会以团队利益为重，而只是局限在狭隘的自私自利的"小我"中争名夺利，推卸自己的担当。

没有团队精神对个人和组织的成长都有严重的后果。由于"螃蟹们"的相互牵制，为了各自利益的明争暗斗渐趋白热化，最终的结果只能是既害了团队，也害了自己。

大家在同一个团队中工作，无疑彼此都是竞争伙伴，但只要以高度担当精神出于"公心"对工作任劳任怨，就会彼此尊重，为了团队的最大利益而团结一致。在团队中，必须与他人共同分享利益、承担责任，越是有奋斗精神的人，越会懂得尊重别人，任劳任怨地奉献和付出。

在一个团队里，最需要的就是成员之间的相互协作和彼此的担当。要努力将团队的价值最大限度地发挥出来，实现"1+1>2"的效果，提高整个团队的凝聚力和战斗力，让每个员工都愿意为团队的进步贡献力量，让每个员工都能在团队中实现成长。只有这样，团队的目标才能最终实现。

团队的成功靠的是成员对团队的奋斗精神，成员的成功靠的是彼此的信任感。奋斗精神会让团队更加和谐。

✿ 你可以将工作做得更好

不管我们从事什么工作，都要尽职尽责，将工作做到最好，唯有如此，老板才会对我们另眼相看，对我们委以重任。

一位公司的老板到外面开会，在酒店安顿好后，他往公司办公室打电话。他先给办公室里负责发放纪念品的杰瑞打电话，问他纪念品是否已经发到了公司每个 VIP 客户的手上。杰瑞回答说："我在一周前已经把东西寄出去了。""他们都收到了吗？"老板问。杰瑞说："我是让联邦快递送的，他们保证两天后送到。"

随后，老板又给负责材料的亨利打电话，明确开会所需材料的事情。亨利说："我的材料寄到了吗？""到了，秘书阿加莎在四天前就已经拿到了。"亨利说："但我给她打电话时，她告诉我需要材料的人有可能会比原来预计的多 200 人。不过别着急，我多准备了一些。事实上，她对具体会多出多少人也没有准确的估计，因为允许有些人临时到场再登记入场，这样我怕 200 份不够，为保险起见，我多准备了 300 份。我会和她随时保持联系，你们可以在第一时间找到我。"

亨利对工作的尽职尽责让老板非常感动，开完会后，老板立即提拔亨利当他的秘书，并要求所有员工都向亨利学习，努力将工作做到最好、最细致。

其实，杰瑞的工作表现也谈不上不负责任，只是和亨利相比，他还有很多地方没有考虑到位。当老板问他公司的 VIP 客户是否收到公司赠送的纪念品时，他显然没有给出一个明确的答复。

可以看到，亨利为了让老板更放心，他不止做好了老板交代的事情，还全面考虑了有可能出现的意外情况。他清醒地意识到，自己在工作中的每个失误都将对结果产生负面影响，所以他竭尽全力，将能做的事情全部做好，并时刻待命。

卡耐基说过："成功毫无技巧可言，只不过是对工作尽力而为。"别小看"尽力而为"这四个字，它可不仅仅是一句简单的口号，当我们真正将其落实到工作中去时，我们会发现，对工作尽职尽责，需要我们毫无保留地付出大量的时间、精力和汗水，这显然不是一般人随便喊两句口号就能轻松做到的！

1991 年，一位名叫坎贝尔的女子独自徒步穿越非洲，她不但战胜了森林与沙漠，更跨越了旷野。当有人问她为什么能做出如此壮举时，她回答说："因为我说过我一定能，而且我在全力以赴地去做。"

当然，我们的工作或许不像徒步穿越非洲那么艰难，但如果我们不像坎贝尔那样全力以赴地去做的话，那最后等待我们的肯定不是一个完美的结局。

总之，养成对什么事情都尽职尽责、全力以赴的习惯后，我们就找到一把打开成功之门的钥匙。当我们以尽职尽责的态度去做事情的时候，全身的力量都集中到一起，就像一把锋利的匕首，能刺破任何困难和阻挠。

小程是一家销售公司的普通员工，有一次他遇到了一个难缠的客户，在会谈前期，这位客户本已和他对买进产品的数量、价格等都达成了共识，然而当要真正成交时，对方又临时改变了主意。

当时，小程的处境十分尴尬，这要是换成其他人，八成会选择放弃这单生意。但小程却想到，如果能谈成这笔业务，那不仅自己会从公司拿到一笔数额不小的提成，最后还能让公司的发展迈上一个新的台阶。于是，小程不允许自己放弃，他把自己所有的精力和时间都用上了，此次背水一战，只能赢不能输！

他一次次地和那位客户面谈，阐述了其中的利弊。终于，在他的努力下，这位拿不定主意的客户在订单上签了字。

通过这个故事，我们不难发现，尽职尽责、全力以赴的工作态度，能点燃我们身体内潜藏的能力，鞭策我们将工作做到最好。

俗话说，世上无难事，只怕有心人。一个人在什么地方花费时间和精力，那他就会在什么地方真正有所收获。要知道，每个人在工作中难免会碰上一些棘手的问题，这个时候，如果我们选择放弃和逃避，那最后只会一无所获；反之，如果我们像一个勇士那样直面问题，那所有的困难都将迎刃而解。

作曲家威尔第说过一句话："在我作为音乐家的一生中，我一直都在为追求完美而奋斗。但是，这个目标总是在躲避我，因此，我真切地感觉到一种责任，觉得应该再努力一次。"其实，面对工作，责任是永远没有上限的，我们只有无穷无尽地付出，将全部的精力和时间致力于某一件事，才能真正获得成功。

❀ 持之以恒，激发自己的奋斗精神

"行百里者半九十"，意为行程一百里，走了九十里只能算是完成了一半。人生如同登山，越往上越艰难，而只有坚持下来的小部分人才能到达山巅，欣赏那一片壮丽的风景。中途退却的人，差的往往只是那一小步，这其实就是没有奋斗精神的体现。只有奋斗精神才是使自己持之以恒的动力。

凡事不能一蹴而就，现代社会生活节奏快，如果我们面对一些困难和挫折就失去了耐心，转而投向其他方向，做不了多久，又会因为另外的一些问题，选择放弃。古人云："心浮则气必躁，气躁则神难凝。"所谓"神难凝"，就是做人不踏实，做事不扎实，不愿负责任，这样的人往往耐不住性子，沉不住气，结果常常是欲速不达，事与愿违。

轻言放弃的人常常会这样想：现在这样做，有什么意义？在这条路上，又看不到成功。他不知道，成功正是由那些"看不到成功"的点滴的坚守构成的。要记住，成功不是一蹴而就的，成功靠积累，靠循序渐进。别小看一次小小的行动，一点小小的进展，它关系着以后的"大成功"，它是以后的"大成功"的一个必要步骤。

马克曾在一次滑雪比赛中经历过一场深刻的心理考验。就在他搬到明尼苏达之后不久，他凭着自己的一股热情，买来了滑雪板，开始训练起来。

后来，马克参加了一次高难度的比赛。他一开始滑得还真不错，嗖嗖向前，像离弦之箭。但在滑了 250 米之后，他觉得有点儿吃不消了。他只好眼睁睁地看着别人一个个轻松地从他身边滑过去。就这样，他一下子被孤零零地扔在了冰天雪地里。

马克原本打算用两个小时滑完全程，但是现在，又冷又黑，看来他只有放弃比赛了。要是真有一条退路，那他肯定是放弃了。

但无奈身处深林积雪之中，消沉也只能被搁置一旁——滑吧，就这样滑下去吧！

当然，马克的内心里仍然有着斗争。他盼望着路旁出现小木屋，那里正散发着阵阵热气，但小木屋并没有出现。他盼望着有急救车推开积雪来把他带上，但急救车也没有出现。他甚至还设想过直升机的营救，可是，这也仅仅是空想而已。

就这样想着，滑着，想着……，直到最后他看到一块标志："终点，250 米。"马克简直不敢相信！就这样硬着头皮，他竟然把最后的 250 米也给滑完了，而且总时间超过预想的并不多！

对于这件事，马克总是津津乐道，而且每次讲起来都眉飞色舞。这件事给了他一个确认自己的机会，给了他一个忍耐、坚持，直到最后胜利的美好回忆。从此，他只要碰到艰难险阻，都不会产生害怕退缩的想法。因为在他看来，只要忍耐着向前，只要坚持不懈，只要保持积极的状态，那自己的目标就一定能实现！

爬山虽然不那么容易，然而也并不太艰难，只要你一步一步地往上爬，就能登上山顶。在事业上也是同样的道理。在前进的征途中，千万不要一遇到阻力就停下来，轻言放弃。在所有那些最终决定成功与否的品质中，"坚持"无疑是关键。

莫泊桑是法国著名的批判现实主义作家。被誉为"短篇小说之王"，对后世产生了极大影响。

莫泊桑 13 岁那年，考入了里昂中学，他的老师布耶，是当时著名的巴那斯派诗人。布耶在学校里发现莫泊桑经常写诗，便把他的练习本拿去翻阅。布耶觉得他有写诗的才能，便不断引导他，启发他。为了更好地培养他，布耶决定让福楼拜来帮助他。

福楼拜是世界闻名的作家，当时在法国享有极高的声誉。他看了看莫泊桑的作品，对莫泊桑说："孩子，我不知道你有没有才气。在你带给我的东西里表明你有某些聪明之处；但是，你永远不要忘记，照一位作家的说法，才气就是坚持不懈。你得好好努力呀！"

莫泊桑点点头，把福楼拜的话牢牢记在心里。

在福楼拜的严格要求下，莫泊桑进步得飞快。后来，他开始写剧本和小说。他写完就请福楼拜指点，福楼拜总是指出一大堆缺点。莫泊桑修改后要寄出发表，但是福楼拜总是不同意，并且告诉他：不成熟的作品，不要寄到刊物上发表。

于是，莫泊桑就把文稿放在柜子里。慢慢地，文稿堆起来竟有一人多高，莫泊桑开始怀疑：福楼拜是不是在有心压制自己？

一天，莫泊桑闷闷不乐，就到果园去散心。他走到一棵小苹果树跟前，只见树上结满了果子，嫩嫩的枝条被压得贴着了地面；再看看两旁的大苹果树，树上虽然也果实累累，但枝条却硬朗朗地支撑着。这给了他一个启示：一个人在"枝干"未硬朗之前，不宜过早地让他"开花结果"；"根深叶茂"后，是不愁结不出丰硕的"果实"来的。从此，他更加虚心地向福楼拜学习，决心使自己"根深叶茂"起来。

1880年，莫泊桑已经30岁了，可是他在文坛上还是默默无闻。这一年，他写了篇题为《羊脂球》的短篇小说，并把它送给福楼拜请求指点。

福楼拜读完这篇小说后，兴高采烈地说："这篇小说写得太好了，说明你的作品已经成熟了，完全可以面世了！"

不久，《羊脂球》正式发表。这篇小说一问世，就震动了法国文坛，莫泊桑一举成名。人们争相传颂莫泊桑的名字，但他们哪里知道，这部作品是他长期坚持训练的结果，其中还凝结着他的老师福楼拜的心血呢。

一个人能否成大事关键不在于他的力量的大小，而在于他能坚持多久。

人生就好像是马拉松赛跑，只有坚持到最后的人，才可能成为优胜者。一个人对待工作如果有了高度的奋斗精神，即使不是专业人士，也能发挥出超常的能力，实现超越前人的壮举。

兵马俑刚刚出土的时候，两千多年的历史积尘已经把它们压成碎片。如何让这个碎片化的历史文化奇迹完整挺立起来，当时全世界也没有人曾经面对过这么大的难题。兵马俑军阵的原型是一个天下无敌的农夫军团，拓开了秦帝国的万里版图。同时代的工匠以雕塑形式凝定了他们的雄姿。后世的工匠们能够让久已"粉身碎骨"的兵马俑恢复原身吗？

马宇成为最早接触这项工作的群体成员之一。兵马俑深埋两千多年，大部分陶片和地下环境已经形成了稳定的平衡关系，突然出土，使它们所处环境发生了巨大改变。为了避免环境变化对文物造成二次损害，一号坑保留了原始的自然环境，大量修复工作都是在现场进行。

每到夏季来临，覆盖着大棚的兵马俑坑就成了"大蒸笼"，坑内的温度往往达到 40 摄氏度以上。工作过程就是一直在用热汗洗头洗脸；衣服湿了又干，干了再湿。这时，汗水是聚合兵马俑碎片的第一黏合剂。

由于年代久远，兵马俑陶片表面非常脆弱，修复人员用刮刀清理的时候，既要刮净泥土，又要保证文物的完好，走刀的分寸拿捏极为较劲。为了练就这项技艺，马宇在修复兵马俑之前，花了两年时间，在仿制的陶片上用手术刀不停地磨炼手感，走了上千万刀，才把握住毫厘之间的分寸。

在碎片堆里拼接兵马俑的过程中，只要有一块陶片位置出现错误，整个拼接过程就必须重来。拼接难度最大的是那些体积小、图案较少的陶片，为了一块陶片，马宇有时需要琢磨十多天，反复预演数十次，甚至上百次。正因为这样，一件兵马俑的修复才往往需要耗时一年，甚至更久。

马宇参与了近二十年来秦始皇兵马俑修复工作的各个阶段，兵马俑的第一件戟、第一件石铠甲、第一件水禽都是马宇修复的。修复工作者用自己的人生时光作为黏合剂，把破碎的历史拼接成型，当威武列队的兵马俑军阵为全世界所敬仰的时候，马宇和同事们真切体会到了奋斗的价值。

未曾遭遇拒绝的成功绝不会长久，持之以恒的人才能有坚持不懈的勇气。你被拒绝得越多，你就能越成长；你学得越多，就离成功越近一点。

如果你没有成功，请不要放弃。因为坚持就是奋斗精神，坚持就是希望和力量，坚持就是胜利！

凡事不能抱着不愿奋斗的消极的态度去面对，无论是怎么样的结果都只有在真正行动之后才会出现，这是对待一件事应有的奋斗，也是我们任何人，特别是一个公司的员工在面对自己从来没有做过的工作时应该牢牢记住的原则。只有这样，我们才真正有勇气去面对一切困难，从而战胜它们。

❀ 永不满足，积极挑战

在职场生涯中，勤奋努力的人是我们学习的榜样，因为只有那些勤勤恳恳工作的人，认认真真对待自己工作的人，才能最大限度地发挥自己的才能和潜力，在工作中创造出骄人的佳绩。

勤奋是永不过时的职业精神，勤奋工作是创造辉煌成就的前提，勤奋工作能激发人内在的工作激情。无论何时何地，勤奋永远是受人尊崇的职业品质。

人们常常惊异于文艺家创造性的才能，其实，影响他们成才的条件之一就是勤奋。一个人唯有勤奋，才能把工作做好，才能获得成功，而懒惰者无疑会被淘汰。

人都是有惰性的，这是无法否认的事实。但面对懒惰，我们要有意识地去规避，主观上去克服懒惰，避免拖延，只有这样，我们才能激发自己工作的积极性。在这个竞争如此激烈的社会，想要取得职业生涯上的成功，我们只有依靠勤奋。

只有勤奋努力，只有满怀热情，只有兢兢业业，我们才能把自己的事业带入成功的轨道。而这是职场上永远适用的真理，也是永不过时的职业精神。

有人说，勤奋是一个人走向成功的不二法门。这话确实说的没错，勤奋作为一种精神和品质，永不过时。

常言道："一分耕耘，一分收获。"不劳而获的事情从来就是不存在的，一个人只有辛勤的劳动，才能收获丰硕的成果。勤奋是实现理想的奠基石，是人生航道上的灯塔，是通向成功彼岸的桥梁。勤奋的人珍惜时间，爱惜光阴，勤奋的人脚踏实地，勤奋的人坚持不懈，勤奋的人勇于创新。

勤奋是一种工作态度，也是一种高贵的品质。勤奋是对自己工作的负责的表现，同时也是对自己人生负责任的表现。要想在竞争激烈的职场上取得成功，我们只有凭借超乎常人的勤奋，促使自己不断地进取，不断地奋发向上。

　　无论处于什么时代，从事什么行业，我们对待工作都需要勤奋努力。尤其是在那些先进的、高尖的技术行业里，更是需要这种勤奋努力、拼搏进取的精神。

　　在我们的身边，对待工作不够勤奋的人往往有两种表现，第一种是得过且过，工作总是敷衍了事；第二种则是表面上看起来忙忙碌碌，但实际上却不是在用心工作，只不过是在老板面前装装样子罢了。其实，不管是哪一种，都不是我们应该效仿的对象。那真正正确的做法究竟是什么呢？很简单，那就是树立起"工作是为了自己，不是为了老板"的工作理念，不管我们从事何种工作，我们都应该严格要求自己，勤勤恳恳地付出，脚踏实地地工作，长此以往，我们定能得到幸运之神的眷顾。

　　我们的勤奋工作不仅能给公司带来业绩的提升和利润的增长，同时也能给自己带来宝贵的知识、丰富的经验和成长发展的机会。而这无疑是一种双赢，老板获利，我们也收益，老板开心，我们也快乐，何乐而不为呢？

　　一个人只有勤奋地工作，主动地多做一些，最终才能有所收获。那些成功的人之所以能够成功，就在于他们比失败者勤奋。

　　要想在这个人才辈出的时代走出一条完美的职业轨迹，唯有依靠勤奋的美德——认真对待自己的工作，在工作中不断进取。勤奋是保持高效率的前提，只有勤勤恳恳、扎扎实实地工作，才能把自己的才能和潜力全部发挥出来，才能在短时间内创造出更多的价值。缺乏事业至上、勤奋努力的精神就只有观望他人在事业上不断取得成就，而自己却在懒惰中消耗生命，甚至因为工作效率低下失去谋生之本。

　　一个优秀的员工在工作中勤奋追求理想的职业生涯非常重要。享受生活固然没错，但怎样成为老板眼中有价值的员工，这才是最应该考虑的。

一位有头脑的、聪明的员工绝不会错过任何一个可以让他们的能力得以提升，让他们的才华得以施展的工作。尽管有时这些工作可能薪水低微，可能繁复而艰巨，但它对员工意志的磨炼，对员工坚韧的性格的培养，都是员工受益一生的宝贵财富。所以，正确的认识你的工作，勤勤恳恳的努力去做，才是对自己负责的表现。要想在这个时代脱颖而出，你就必须付出比以往任何人更多的勤奋和努力，具有一颗积极进取、奋发向上的心，否则你只能由平凡变为平庸，最后成为一个毫无价值的没有出路的人。无论你现在所从事的是什么样的一种工作，只要你勤勤恳恳的努力工作，你总会成功的，并且让老板认可。

只有那些勤奋努力，做事敏捷，反应迅速的员工，只有充满热忱，富有感恩之心的员工，才能把自己的事业带入成功的轨道。